亚太地区植物有害生物监控指南

〔澳〕T.麦克莫夫　主编

中国农业科学院植物保护研究所生物入侵研究室　　译

Australian Government

Australian Centre for
International Agricultural Research

Rural Industries Research and
Development Corporation

科　学　出　版　社

北　京

图字：01-2013-1373

内 容 简 介

为了协助植物健康科学家设计监控程序，用以检测农作物、人工种植林和自然生态系统中的有害节肢动物和植物病原物，本指南首次针对植物有害生物的监控方法进行了系统的编写，主要内容包括：设计监控方案来制定基于标本的植物有害生物名录；监测特殊植物有害生物的状况；确定植物有害生物分布的范围；明确某个特定区域内是否出现植物有害生物；实施一般监控。

本指南的出版考虑到亚太地区的发展中国家植物健康科学家们的需要，尤其是那些想通过制定基于标本的有害生物名录来支持谈判，从而扩大农产品贸易的国家的科技工作者。对于尚无设计监控程序经验的植物健康科学家而言，本指南尤为适用。

Guidelines for Surveillance for Plant Pests in Asia and the Pacific, by Teresa McMaugh.

Copyright Australian Centre for International Agricultural Research 2013.
ISBN 978 1 921962 92 9（print）；ISBN 978 1 921962 93 6（online）.

图书在版编目（CIP）数据

亚太地区植物有害生物监控指南 /（澳）麦克莫夫（McMaugh, T.）主编；中国农业科学院植物保护研究所生物入侵研究室译. —北京：科学出版社，2013.3
书名原文：Guidelines for Surveillance for Plant Pests in Asia and the Pacific

ISBN 978-7-03-036967-3

Ⅰ.①亚… Ⅱ.①麦… ②中… Ⅲ.①有害植物—防治—亚太地区—指南 Ⅳ.①S45-62

中国版本图书馆 CIP 数据核字（2013）第 046499 号

责任编辑：李秀伟 王 静 /责任校对：陈玉凤
责任印制：钱玉芬 /封面设计：澳大利亚国际农业研究中心

科学出版社 出版
北京东黄城根北街 16 号
邮政编码：100717
http://www.sciencep.com
天时彩色印刷有限公司 印刷
科学出版社发行 各地新华书店经销

*

2013 年 3 月第 一 版 开本：A4（880×1230）
2013 年 3 月第一次印刷 印张：12 1/4
字数：400 000
定价：150.00 元
（如有印装质量问题，我社负责调换）

Guidelines for Surveillance for Plant Pests in Asia and the Pacific

Teresa McMaugh

Translated by Department of Biological Invasions, Institute of Plant Protection, Chinese Academy of Agricultural Sciences

Australian Government

Australian Centre for International Agricultural Research

Rural Industries Research and Development Corporation

Science Press
Beijing

1982年6月，澳大利亚议会通过一项法案，成立了澳大利亚国际农业研究中心（ACIAR）。中心作为澳大利亚国际发展合作计划的一部分，面向建立更高产持久的农业系统，为发展中国家和澳大利亚的利益服务。在澳大利亚具有突出研究能力的领域，中心委托开展澳大利亚和发展中国家研究人员之间的合作研究。此外，中心还负责管理澳大利亚向国际农业研究中心的捐助。

凡书中涉及到的商品，本中心持中立态度，既不宣传，也不诋毁。

ACIAR专著丛书
这套丛书包含了出自ACIAR的原创性研究结果，以及与ACIAR研究和发展目标有关的资料。该丛书在世界各地，尤其是发展中国家中广泛发行。

联系地址：ACIAR, GPO Box 1571, Canberra ACT 2601, Australia.

Email地址：aciar@aciar.gov.au

McMaugh, T., 2013. 亚太地区植物有害生物监控指南。ACIAR专著编号119d，澳大利亚国际农业研究中心：堪培拉，192页。

ACIAR专著编号119d

原书全英文出版于2005年，ACIAR专著编号119；2007年以印度尼西亚语出版，ACIAR专著编号119a；2008年以越南语出版，ACIAR专著编号119b；2008年以泰国语出版，ACIAR专著编号119c。

ACIAR专著 – ISSN 1031-8194（印刷版），ISSN 1447-090X（电子版）

ISBN 978 1 921962 92 9（印刷版）
ISBN 978 1 921962 93 6（电子版）

序

农产品的国际贸易可能会为植物有害生物进入新的地区提供途径。从事农产品贸易的各国有必要了解植物有害生物的生物学特性、分布、寄主范围和经济地位。

当植物健康影响国际贸易时，人们就有必要了解一个国家农林业的健康状况，以制定检疫方针和区域性有害生物治理策略。

植物健康问题以各种不同的形式影响着社会。由于产量减少，农民的收入也相应受到影响，食品的供应量和选择减少，或者食品中会含有农药残留，同时，新病虫害和杂草的入侵，都给当地居民生活带来不便。

事实上，澳大利亚的家畜和种植产业都以外来种质资源为基础。在过去的100年中，由于实施了严格的检疫措施，澳大利亚避免了很多外来有害病虫草的入侵。澳大利亚农业产业的健康发展，为其产业进入国外市场提供了有力的竞争优势。

对所有的ACIAR合作国家来说，了解出现在他们国土上的动植物健康问题是很重要的。ACIAR以前出版了一些专著，指导如何调查牲畜和水产养殖中出现的健康问题。ACIAR也帮助过一些发展中国家调查某些特殊的有害病虫草，例如，出现在亚洲和南太平洋地区一些国家的果蝇和出现在南太平洋及其他一些国家的白粉虱。但是，ACIAR没有进行过系统的尝试，以给予这些国家通用的技能，使他们能够独立调查植物健康领域中出现的问题。

本指南的出版还得到了澳大利亚政府机构——农村产业研究与发展委员会（RIRDC）的支持。澳大利亚具有采取先发措施降低外来有害病虫草威胁的能力，这对于RIRDC来说是相当重要的。通过对澳大利亚周边国家植物卫生机构人员的培训，使他们了解自己国家作物的健康状况，本指南可以帮助澳大利亚从来源上应对外来病虫草害的威胁，将它们拒之于国门之外。

本指南还能帮助植物健康科技工作者制定有害生物监控策略，指导样本的采集并送往实验室进行鉴定和保存。这样，国家之间可以彼此共享调查的结果，从而增进国与国之间在植物健康研究领域中更广泛的合作。

本指南可在ACIAR网站免费下载，网址是www.aciar.gov.au。

Peter Core
主任
澳大利亚国际农业研究中心

Peter O'Brien
常务委员
农村产业研究与发展委员会

目录

前言

　　2001~2002年，澳大利亚国际发展署(AusAID)资助澳大利亚农业、渔业和林业部（DAFF）下的首席植物保护主任办公室完成一项工作，即汇报东南亚联盟（ASEAN）国家有害节肢动物和植物病害标本收藏的情况。该工作是与东南亚地区网圈（ASEANET[1]）合作开展的。在报告中[2]，作者得出的结论是：该地区的任何一个国家都没有能力对本国农作物的健康状况提供恰当的描述。其原因在很大程度上归咎于这些国家和地区生物标本馆中植物病害标本的数量有限。虽然有害节肢动物标本的收藏数量比植物病害标本要多很多，但是，它们都未达到国际标准的规定。如果能对这些国家提供额外的资源和帮助，这将对他们大有裨益。

　　植物有害生物[3]的收集之所以重要，是因为它为一个国家的植物健康状况提供了最可靠的证据。这些证据是出台国内、国际有力检疫政策和从农场层面制定植物有害生物治理策略的基础。1995年，世界贸易组织（WTO）成立，开创了贸易自由化的新纪元，同时使得植物有害生物的收集记录变得更加有意义。

　　与其前身《关税及贸易总协定》不同，WTO是一个以规章制度为基础的组织，它通过关于《实施卫生与植物检疫措施协定》（SPS协定）中的规章制度来管理农产品的贸易。尽管自1995年以来，世界农产品的贸易迅猛发展，但是发展中国家的出口贸易还没发展到发达国家之间贸易的程度。发达国家利用SPS协定中的规定，强行打开了以前有检疫疑问而关闭的市场，大大增加了自身的出口。

1　ASEANET是指国际生物分类学资讯网（Bio-NET International）中的东南亚网圈［the South East Asian LOOP (Locally Orgnised Operated Partnership)］，是一个合作发展独立自主的地区性分类学和生物系统学的组织。

2　Evans, G., Lum Keng-yeang and Murdoch, L. 2002. 东南亚国家植物病原物的分类学和生物系统学需求评估。农业、渔业和林业部首席植物保护主任办公室未发表的报告。

　　Naumann, I.D. and Md Jusoh, M. [Md Jusoh Mamat] (2002). 东南亚国家植物有害节肢动物分类学需求评估：生物系统学、典藏和信息管理。农业、渔业和林业部首席植物保护主任办公室未发表的报告。

3　有害生物在这里包括有害节肢动物和植物病原物。

与此同时，一些国家的政府面临来自农民的压力，因为政府部门严格按照协定中的规章制度行事，排斥那些被视为对产业构成威胁的农产品。因此，植物健康成为首要的贸易政策问题。

在进行产品国外市场准入的贸易谈判时，一个国家如果不能就其农业产业有害生物提供足够的信息，势必陷入不利境地。预期的进口商将依据这几方面对产品进行风险评估：他们对寻求出口国家有害生物的了解、所涉及的进口农产品引入外来有害生物的可能性、将风险减少到可接受水平的植物检疫措施的有效性。因此，发展中国家要想和发达国家进行平等的贸易协商，拥有全面的标本记录信息是至关重要的。

有害节肢动物和植物病害标本的收藏是一个世纪甚至更长时间以来的工作结果。早期收藏的标本是靠博物馆人员从植物健康科学家和农场工作者处收集，以及亲自外出采集而来。早期收集的标本依然有价值，而当今标本的收藏比过去具有更强的目的性，收藏工作受扩展生物多样性科学知识、在新的环境中识别外来有害生物，以及增进农产品贸易等许多方面的需求而推动。

在WTO的规章制度下，想要扩大农产品出口贸易的国家并不一定具有足够的财力和时间去建立有害生物标本馆，他们也没有必要必须这样做。他们可以针对可能出现在出口农产品中的有害生物，制定有组织的监控计划，加速基于标本的有害生物名录的制定。有时，贸易伙伴会详细说明在生产中要采取的监控措施。我们编写本指南的目的在于帮助那些不论出于何种目的而采取监控行动的植物健康科学家。

Lois Ransom
首席植物保护主任
澳大利亚政府农业、渔业和林业部

致谢

作者在此要感谢以下人员在指南策划、提供包括个案研究在内的写作文稿、技术编辑和同行审定中提供的帮助。

澳大利亚政府农业、渔业和林业部

Mr Rob Cannon   Dr Paul Pheloung

Mr Eli Szandala   Dr Leanne Murdoch

Ms Emma Lumb   Dr Ian Naumann

Dr Graeme Evans

澳大利亚国际农业研究中心

Dr Paul Ferrar （现已离职）

美国农业部动植物卫生检验局（APHIS, USDA）

Dr Lawrence G. Brown   Mr Edward M. Jones

库克群岛农业部（拉罗汤加）

Dr Maja Poeschko

马来西亚森林研究院

Dr Lee Su Se

马来西亚农业部作物保护和植物检疫服务部（吉隆坡）

Mr Palasubramaniam K.

泰国孔敬大学农学院

Dr Yupa Hanboonsong

泰国农业部植物保护研究与发展办公室（曼谷）

Miss Srisuk Poonpolgul

马来西亚雪兰莪州ASEANET秘书处，ASEAN植物卫生协作网

Dr Lum Keng Yeang

菲律宾农业部植物产业局

Dr Hernani G. Golez (现已离职)

印度尼西亚加札马达大学农学院（日惹）

Dr Ir Andi Trisyono

印度尼西亚园艺生产总局园艺保护局（雅加达）

Dr Sulistio Sukamto

新几内亚岛国家农业检验检疫局（NAQIA）（莫乐兹比港）

Ms Majorie Kame

太平洋联合会秘书处（菲济群岛苏瓦市）

Ms Jacqui Wright　　　　　Mr Nacanieli Waqa

Dr Richard Davis

越南国家植物保护研究所（NIPP）（河内慈廉）

Ms Quach Thi Ngo

印度尼西亚农业部区域热带生物学中心（茂物）

Dr Soekisman Tjitrosemito

澳大利亚昆士兰初级产业和渔业部（QDPI&F）动植物卫生服务中心（APHS）（昆士兰多罗皮利）

Dr Ross Wylie

澳大利亚北领地检疫策略中心（NAQS）（昆士兰马里巴）

Ms Barbara Waterhouse　　　　　Mr Matthew Weinert

北澳大利亚北领地检疫策略中心（NAQS）贝里马农业研究站

Mr Andrew Mitchell　　　　　Mr Glenn Bellis

联邦科学与工业研究组织（CSIRO）植物产业部（澳大利亚堪培拉）

Dr Richard Groves (现已离职)

澳大利亚维多利亚初级产业部（维多利亚州诺克斯菲尔德）

Dr Peter Ridland

西澳大利亚农业部（西澳大利亚州珀斯南部）

Dr Rob Emery

BSES有限公司（原糖业局实验站）（澳大利亚昆士兰多罗皮利塔利和塔利伍德福德分公司）

Dr Peter Allsopp　　　　　Dr Robert Magarey

Mr Barry Croft

澳大利亚塔斯马州森林研究与发展中心（霍巴特）

Dr Tim Wardlaw

澳大利亚昆士兰初级产业和渔业部（QDPI&F）（凯恩斯）

Mr Mark Stanaway　　　　　Ms Rebecca Yarrow

术语表⁴

区域

正式定义的一个国家，一个国家的一部分，或几个国家的全部或部分地域。

有害生物低度流行区

在由有资质的机构认定的，不论是整个国家、一个国家的一部分，还是几个国家的全部或部分地域内，某种有害生物的发生水平很低，而且受制于有效的监控、防治或者铲除措施。

定界调查

开展调查以确定被认定为受到某种有害生物侵染的区域的界限，或者确定没有出现该有害生物的区域的界限。

检测调查

在某个区域开展调查以确定该区域是否出现了有害生物。

全面监控

全面监控是从任何可以获取的来源中收集一个区域内人们关注的特定有害生物信息的过程，收集的信息提供给国家植物保护组织（NPPO）使用。

国际植物保护公约（IPPC）

联合国粮食与农业组织（FAO）于1951年在罗马最初制定而后修正制定的一项国际公约。

国际植物检疫措施标准（ISPM）

FAO大会、IPPC之下设立的植物检疫措施临时委员会或植物检疫措施委员会采用的一项国际标准。

国际标准

根据IPPC第十款第一、第二段制定的国际标准。

4　国际标准（ISPMs）和定义详见IPPC的官方网站"国际植物检疫门户网" https://www.ippc.int/IPP/En/default.jsp。

监测调查

持续的调查以查证某种有害生物种群动态的特点。

国家植物保护组织（NPPO）

政府设立的官方机构，主要职能是履行IPPC规定的具体条款。

> IPPC（1997）的主要目的是："**采取安全而有效的措施，防止植物和植物产品的有害生物的传播和引入**"。与此相关，IPPC（Article I.1）要求缔约国"**尽最大的努力为NPPO制定条款**"（Article IV.1），NPPO的职责如下：
>
> "**……对生长的植物实施监控，包括种植区（尤其是田间、种植园、苗圃、花园、温室和实验室）和野生植物群落；对储藏或者运输过程中的植物和植物产品，特别是具有第八款第1(a)段中提及其发生、暴发与传播及防治的报告目标有害生物的植物和植物产品实施监控……**"（Article IV.2b）
>
> **ISPM 17**

非检疫性有害生物

对于某个区域而言，该有害生物不是检疫对象。

植物有害生物

为害植物或植物产品的任何植物、动物或病原物的种、菌株或生物型。

植物有害生物非疫区（PFA）

有科学证据表明某个地区没有发生某种植物有害生物，且这种状态受到正式的维护。

无植物有害生物的生产区（PFPP）

有科学证据表明某个生产区内没有发生某种植物有害生物，且这种状态在一个特定时期内受到正式的维护。

无植物有害生物的产地（PFPS）

有科学证据表明某个生产地区中的一个具体生产地点内没有发生某种植物有害生物，且这种状态在一个特定时期内受到正式的维护。该产地作为一个独立的单元，依照PFPP的方式进行管理。

植物有害生物记录

一个地点（通常指一个国家）在确定的环境条件下，能够提供特定时间和地点出现或者没有出现某种植物有害生物相关信息的文字记录。

植物有害生物风险分析（PRA）

对生物学或其他科学及经济学证据进行评估，以确定是否应该对某植物有害生物进行管理，以及需要采取的相应植物检疫措施的强度的过程。

（某个地区内的）植物有害生物发生状态

根据现有及历史的植物有害生物记录和其他信息，经专家判断、正式确定的某植物有害生物在一个地区目前存在或不存在的状态，在适当的情况下包括其分布。

检疫性植物有害生物

在某个地区尚未出现，或已出现但尚未大范围传播，并得到了正式控制的某种植物有害生物，该有害生物危及该地区，对该地区具有潜在的经济重要性。

区域植物保护组织（RPPO）

一个政府间组织，其职责由IPPC的第IX款规定。

受控的植物有害生物

检疫性有害生物或者受控的非检疫性有害生物。

受控的非检疫性植物有害生物

某种非检疫性植物有害生物，如果出现在用于种植的植物中，它的存在会影响这些植物的预期用途，带来经济上不可接受的影响。因此，进口缔约国在其领土上对这些非检疫性的有害生物进行控制。

特定调查

某一特定时间内，在某个地区的特定地点开展有针对性的调查，NPPO通过这种调查获得所关注的植物有害生物的信息。

监控

一项正式程序，它通过调查、监测和其他措施来收集和记录植物有害生物发生或者没有发生的数据。

调查

一项正式措施，指在某一特定时期内明确某一植物有害生物种群的特征，或者明确在某一地区内出现植物有害生物的种类。

缩写

ALPP	植物有害生物低度流行区
APHIS	动植物卫生检验局
APPPC	亚太地区植物保护委员会
AQIS	澳大利亚检疫检验局
ASEAN	东南亚联盟
ASEANET	国际生物分类学资讯网东南亚网圈
AusAID	澳大利亚国际发展署
EPPO	欧洲和地中海植物保护组织
FAO	联合国粮食与农业组织
GPS	全球定位系统
ICPM	植物检疫措施临时委员会
IPPC	国际植物保护公约
ISPM	国际植物检疫措施标准
ISSG	入侵物种专家组
LOOP	区域性组织和运转合作关系
NAPPO	北美植物保护组织
NAQS	澳大利亚北领地检疫策略中心
NPPO	国家植物保护组织
PFA	植物有害生物非疫区
PFPP	无植物有害生物的生产区
PFPS	无植物有害生物的产地
PNG	巴布亚新几内亚
PRA	植物有害生物风险分析
QDPI&F	昆士兰初级产业和渔业部
RPPO	区域植物保护组织
RSPM	区域植物检疫措施标准
SPC	太平洋共同体秘书处
SPS	卫生与植物检疫措施
USDA	美国农业部
WTO	世界贸易组织

第一章

指南的使用

1.1. 指南的适用范围和读者

本指南编写的目的是为了协助植物健康科学家设计监控程序，用以检测农作物、人工种植林和自然生态系统中的有害节肢动物和植物病原物。本指南的主要内容包括：设计监控方案来制定基于标本的植物有害生物[5]名录；监测特殊植物有害生物的状况；确定植物有害生物分布的范围；明确某个特定区域内是否出现植物有害生物；实施一般监控。

最初负责策划本指南出版的人们考虑到亚太地区的发展中国家植物健康科学家们的需要，尤其是那些想通过制定基于标本的有害生物名录来支持谈判，从而扩大农产品贸易的国家的植物健康学家。出于这样的目的，澳大利亚国际农业研究中心（ACIAR）和农村产业研究与发展委员会（RIRDC）提供了足够的资金，组织包括来自东南亚和太平洋地区一些发展中国家的植物健康科学家们参与本指南的出版工作。ACIAR同时也出资选择了澳大利亚的有关专家参与这一工作。因此，2004年11月，这些来自发展中国家和澳大利亚的专家共同组成了一个"咨询小组"，在澳大利亚首都堪培拉召开会议，目的是监督本指南的出版。咨询小组认为本指南的编写不能过于死板，其中提出的监控方法应具有灵活性，要充分考虑到资源的可获得性和进入某些可能发生有害生物调查地点的困难。考虑到这些限制，咨询小组认为标题中应该使用"指南"，而不使用"手册"或者"工具箱"。根据对所选择的一些东南亚国家、太平洋地区岛国和澳大利亚植物有害生物的调查，咨询小组中的一些成员还志愿加入到本指南最后一部分个案研究的编写工作中来。

---

5   本书中的有害生物一词具有一般的意义，包括节肢动物、植物病原物和杂草。

本指南通过一系列易于遵循的步骤，引导读者去设计一套监控程序，同时强调详细记录这些过程的必要性。指南在每一个步骤中都提供了监控计划需要事先考虑的事宜的小贴士。就如何设计一套统计学上有效的监控项目这一关键问题，指南同样给出了相应的建议，使不论出于何种目的而开展的监测，都能取得令官方、贸易伙伴及其他人士/机构非常信服的可靠监测报告。

咨询小组、ACIAR和那些负责本指南出版的人都期望此书能够为所有的计划设计监控程序的植物健康学家所使用。对于那些尚无设计监控程序经验的植物健康科学家而言，本指南尤其适用。指南中所描述的策划监控措施的过程，一方面将会使经验缺乏者信心十足，另一方面将会大大改善有害生物监控程序的设计。

1.2. ISPMs和指南中使用的术语

在进行农产品的对外贸易时，国与国之间都希望将贸易过程中可能出现植物有害生物风险的概率降到最低。为了达到这一目标，有关机构制定了规范贸易的国际标准，即一系列的国际植物检疫措施标准（ISPMs）。在国际植物保护公约（IPPC）的支持下，植物检疫措施临时委员会（ICPM）制定并批准了ISPMs。IPPC的目的是采取常规且有效的措施，防止植物和植物产品中有害生物的引入和传播，并对已传入者实施控制。IPPC的缔约国有使用植物检疫措施管理进口物品的权利，包括可能携带植物性有害生物的植物和植物产品。

由于已经制定了植物有害生物监控的国际标准，本书中的指南尽可能地包括和遵循这些标准。由于所写的标准要包括许多国家和不同的情况，所以，指南中有必要就调查的设计提供比标准中所反映的更多、更为丰富的信息。指南中与ISPMs相关的章节中，作者都给出了相应的ISPM段落。需要注意的是，ISPMs最初是针对与贸易相关的监控措施而制定的，但并不意味着它是实施监控的唯一标准。指南中涉及的设计涵盖了与贸易相关的大部分调查设计。

指南中尽可能地给出了使用的ISPM定义。术语表中与监控有关的ISPM术语可以在ISPMs 5和6中找到，最相关的一些术语抄列在指南的术语表中。

指南的开头强调了一般监控（general surveillance）和特定调查（specific surveys）这两个术语的差别。通常，人们把一般监控错误地理解为针对所有植物有害生物的田间调查。与此相反，一般监控是一个涵盖性术语，ISPMs中没有对它进行清晰地定义。指南中，一般监控这个术语包含了一系列活动，其中包括收集某种植物有害生物的信息，这也是最一般的理解。其他活动还包括公众意识宣传，以及专门服务于NPPOs的网络报告活动。特定调查这个术语是指涉及田间工作的那些调查活动。因此，特定调查包括了对有害生物进行"一般性"的调查及对"一般性"的有害生物进行的田间调查活动。

1.3. 指南的最佳使用方法

指南的重点在于为如何设计具体的调查方法提供指导。ISPMs将具体的调查方法分为三类：检测调查、监测调查和定界调查。不论你想设计哪种调查方法，指南中的第二章都极为重要，应该很好地阅读和理解。第二章介绍了任何一种具体调查方法的基本组成和具体内容。调查设计共包括21个步骤，前20步在第二章中介绍，第21步是关于报告结果的，将在第七章中介绍。

第三、四、五章提供了更多关于特定调查中ISPMs的三类调查方法的介绍，并且每一章都和第二章的内容相呼应。第六章单独介绍了一般监控。第七章详细介绍了如何报告调查结果。第八章以案例的形式，针对多种植物有害生物和具体情况，列举了特定调查的一些事例。这些案例是由多位来自东南亚和太平洋地区以及澳大利亚的植物健康科学家们提供的。

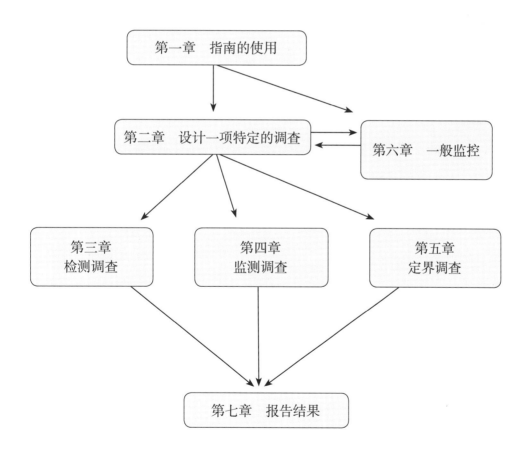

1.4. 书中的图标

指南中共有4种图标，它们贯穿指南的始终，目的是为了吸引读者的注意力，尤其是那些对其中一种或几种图标所反映的主题特别感兴趣的读者。这四种主题分别是：森林、杂草、植物病原物、昆虫及相关种类。图标的相应含义分别为：

　　　　森林

　　　　杂草

　　　　植物病原物

　　　　昆虫及相关种类

第二章

设计一项
特定的调查

2.1. 引言

特定调查涉及野外工作，即到野外寻找植物有害生物。本章介绍了一些具体的步骤，指导如何决定在哪寻找、要寻找多少地方，以及收集哪种类型的数据。接着介绍如何收集和保存标本，然后讨论其他重要的需考虑的事项，以充分利用调查，包括如何处理收集到的数据。

在到野外寻找植物有害生物之前，有很多计划决策要做。调查计划要周密，其结果应该能代表植物有害生物发生的实际情况。就人力和财力而言，这些计划应该切实可行。

没有公认的标准来认定一项调查该选取的样本数量，或最恰当的调查方法。因此，最重要的是依据明确的调查目的来设计调查方案。

当策划一项新的调查时，方案必须合理并要做详细记录。如果能为特定的选择提供充分的理由，你自己或别人就能更容易、更快捷地设计相似的调查方案。通过提供充分的理由，也可以帮助其他的设计者，他们在设计一般监控时可能会将你的调查设计作为其中一部分。如果调查计划需得到国家植物保护组织（NPPO）的批准，调查者可能需要证明其调查理由和决定都是合理的。

实施调查计划时有些决定可能会改变，那么就需要在计划书上加上这些改变和改变的理由。

本章后面的部分介绍了设计和执行一项调查的21个步骤，见图1。

2.2. 第1步 选择题目和设计人

为你的计划选择一个简单的标题，在实施过程中，你可能会对它进行修订。同时，还要包括设计调查计划的负责人的姓名及其联系方式。

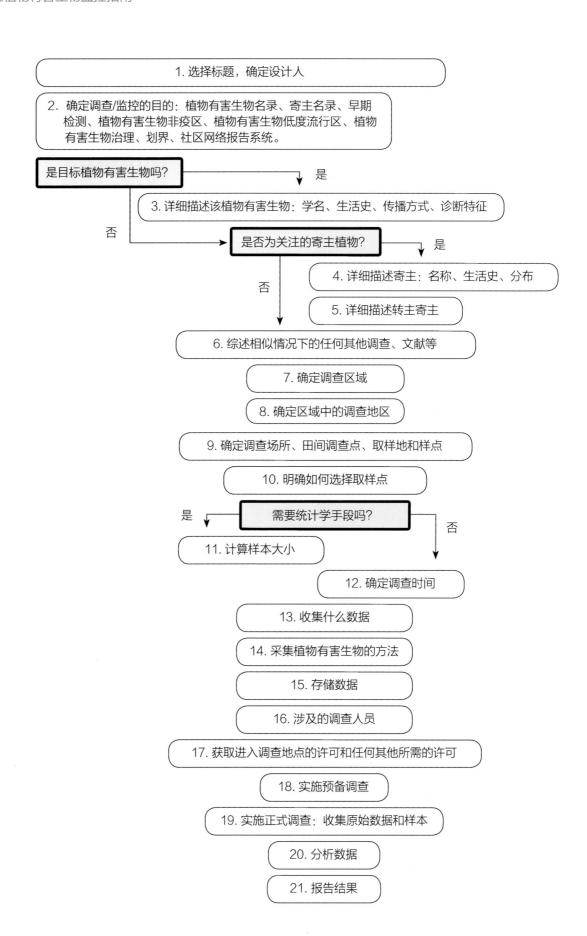

图1. 设计一项特定调查的步骤

第1步

▸ 记录调查题目

▸ 记录设计人姓名

2.3. 第2步 调查的理由

开展植物有害生物调查的理由很多，正如第一章所说，其中部分理由如下：

· 制定调查区域内出现的植物有害生物或寄主的名录

· 出于贸易的需要，向对方证明植物有害生物非疫区（没有某种植物有害生物的区域），或植物有害生物低度流行区

· 在实施对植物有害生物状态变化的监测之前，制定一个植物有害生物的基本名录

· 植物有害生物的治理和防治

· 外来植物有害生物的早期检测

· 已定殖生物成为有害生物的早期检测

· 界定已侵入的植物有害生物完整的范围

· 对某种植物有害生物实施铲除措施后，监测其发展情况

· 可能还有上述原因组合的其他原因。

专题 1. 调查以检测一种关联

如果你想明确某种植物有害生物的发生是否与其他因素相关联，比如特定类型的调查场所（如道路两旁、移动电话塔附近）和寄主的种类，你就需要设计一个试验检验你的假设，这种"假设检验"和监控不同。

针对关联因素验证的试验设计必须周密，要排除其他可能用于解释植物有害生物分布的因素，并剔出该因素。在这种情况下，你需要测试各因素效应的真伪，避免结果产生偏差。指南中没有介绍与此类试验设计相关的内容，可在互联网上输入术语"假设检验"进行搜索，以获得更多的信息。

第2步

▸ 记录调查目的

2.4. 第3步 确定靶标植物有害生物

如果我们并不清楚要调查哪种植物有害生物，如打算调查一种新的杂草，那么跳过此步到第4步。

如果我们知道打算调查哪种植物有害生物，这一步就需要收集该有害生物尽可能多的相关信息。

2.4.1. 有用的信息来源

要查询到一个国家已经发生的植物有害生物的信息（如生活史和鉴定特征）比较容易，因为可能有本地和国外专家（昆虫学家、病理学家、植物健康和检疫工作人员）的帮助。外来植物有害生物的信息则可以从已知发生的国家获得。这就涉及联系当地的政府农业部门（尤其是NPPO），查阅已发表的文献或在互联网上搜索（要注意信息来源的可靠性）。互联网上有大量可以进入的植物有害生物名录和数据库，其中有广泛的植物有害生物的描述，如CABI的作物保护大全。

以下摘自ISPM 6（FAO 1997, p.7）：

这些（信息）来源包括：NPPOs、国家和地方政府的其他机构、研究所、大学、科学协会（包括业余专家）、生产者、顾问、博物馆、一般公民、科技和贸易期刊、未发表的数据和当前的观察。另外，NPPO也可能从诸如FAO、区域植物保护组织（RPPOs）等国际组织获得信息。

其他的来源还包括：
· 本国或别的国家进行植物有害生物风险分析（PRA）的报告
· 参考农业重要植物害虫和植物病原物的收藏
· 检疫部门截获的植物有害生物的信息数据库
· 互联网（见专题2，24页）。

2.4.2. 验证信息来源

ISPM 8有一个用于评估植物有害生物记录可靠性的准则，同样可以在自己进行调查时用于评价信息来源。ISPM 8还以表格的形式提供了一些相关要素，比如信息资源提供者的专长和文本信息资源的质量。根据与信息材料有关的人士的权威性和提供信息的质量来检验所有可获得信息的来源。

2.4.3. 植物有害生物名称

首先，制定一个靶标植物有害生物名称的清单，包括学名、通用名以及同种异名。

2.4.4. 植物有害生物的媒介

鉴定被调查有害生物所有可能的传播媒介。如果有传播媒介，就需要在目标生物名录中记录这些媒介。

2.4.5. 植物有害生物可能造成的影响

考虑为何要选择调查这些有害生物，它们被认作是主要的植物有害生物或有害生物威胁吗？你的贸易伙伴是否想要了解更多关于你那个区域特定植物有害生物的状况？

一般而言，叙述植物有害生物如何对其寄主、生产系统或者生态系统及整个行业产生影响。

2.4.6. 植物有害生物特征：如何在田间鉴定植物有害生物？

可以从多种资料获得植物有害生物的诊断特征，或它们存在的症状。对于已经在一个国家发生的有害生物，当地农民和林业工作者可能很熟悉。要确保植物有害生物得到正确的鉴定，需要植物病理学家鉴定植物病原物，昆虫学家鉴定昆虫和相关的种类，植物学家鉴定杂草。根据你打算调查的植物有害生物，你需要建立一个具有专长并且有能力对这些有害生物进行鉴定的专家和实验室的名单。

需要调查寄主植物时，要描述其最有可能被侵扰或侵染的部位，以及需要检查植物的哪一部分，如茎、皮、叶、根、植物冠部、基部。有害生物为害的目标是果实或谷粒这样的农产品吗？植物有害生物与其寄主特定的生长期有关吗？光和信息素能吸引害虫吗？描述有害生物或其典型症状在植物寄主或农产品上出现的部位，如在作物上方飞行、钻蛀进树皮、潜伏于叶片下面、藏于树基部的蛀屑里、出现卷叶、顺着农作物行间生长。植物学家可以帮助确定植物有害生物的寄主范围。有任何影响植物有害生物症状发展的因素吗，诸如寄主品种、生长期、季节、杀虫剂的使用和气候条件等？

包括所有关于植物有害生物生活史的相关信息。

2.4.7. 收集模式标本和图片

不论是一般调查还是特定调查，植物有害生物诊断特征及任何对寄主植物有影响的图片都对调查报告非常有用。拥有能够帮助野外调查的印刷品可能对检测至关重要，尤其是在调查人员从未见过被调查的有害生物的情况下。具有压制好的植物或罹病植物模式标本集，或者一套小的无脊椎动物标本集，也会非常有用，只要它们不很笨重，并可以免受损坏。用数码相机拍摄的植物有害生物电子图片可从许多网站上搜索到，也可以以电子邮件的形式向同行索取。这些图片可用于建立植物有害生物信息表。

专题 2. 植物有害生物信息的网络资源

美国农业部动植物卫生检疫局（APHIS）

（http//:www.aphis.usda.gov/ppq/index.html）

该网站与北美植物保护组织（NAPPO）标准和国际植物检疫措施（ISPM）标准有链接，有关于一些无脊椎有害动物的鉴定、调查方法和防治的有用信息的手册。可以获得考虑向美国进口的农产品的大量病虫害风险分析的信息，这些信息除其他有用的信息外，还提供很容易获得的关于寄主范围和监控方法的信息。APHIS还在<http//:www.invasivespecies.gov/databases>提供有用的网站，与各种植物有害生物信息数据库有链接，例如，本方框中HERA和ISSG下的数据库、一些期刊数据库和一些与水生有害生物相关的信息库。

美国植物病理学会（APS）

（www.apsnet.org）

美国植物病理学会官网包含通过快讯和有限的图片对植物病原物进行的讨论。同时，该网站还拥有一个数据库，里面收录了不同农作物和农产品的植物有害生物名录（在"online resources"下的"common names of plant diseases"中键入要查找的寄主或有害生物名称）。该学会还有四种可供订阅的杂志：《美国植物病理学报》（*Phytopathology*）、《植物病害》（*Plant Disease*）、《植物–微生物分子互作》（*Molecular Plant–Microbe Interactions*）和《植物健康研究进展》（*Plant Health Progress*）。

CAB 国际（CABI）

（www.cabi.org）

CABI致力于创造、传播和鼓励人们使用应用生物科学领域的成果，包括人类福利和环境等领域。CABI在其官网上发布了大量书籍和其他参考资料，网址是www.cabi-publishing.org。CABI出版了一个综合性的科学出版摘要数据库，该数据库的资源可通过光盘和在线订阅获取。

CABI作物保护大全

CABI作物保护大全中包括广泛多样的植物有害生物资料。通过购买许可证和在电脑上安装软件，就可以在线或在CD上使用该资源。www.cabicompendium.org/cpc网站提供了更多的信息和免费试用。

诊断方案（DIAGPRO）

（www.csl.gov.uk/science/organ/ph/diagpro）

该网站由英国中央科学实验室负责运作，其中提供了为害植物的15种有害生物的诊断方案。

除了提供诊断特征和方法外，该诊断方案还提供有关抽样的信息。

欧洲和地中海植物保护组织（EPPO）

（www.eppo.org）

欧洲和地中海植物保护组织协调欧洲国家植物保护的相关事宜，制定了关于植物检疫措施和植物产品保护的标准。尽管这些标准目前只在欧洲国家中应用，标准还对使用过程中可能遇到的检疫障碍作了深入阐述。其中有些标准还提供了一些植物有害生物的名单、它们的野外鉴定和对不同农作物为害的信息（在"standards"点击"good plant protection practice"和"phytosanitary procedures"）。

种质资源信息网（GRIN）

（www.ars-grin.gov/cgi-bin/npgs/html/index.pl）

该网站提供植物的分类学信息，它支持植物科、属、种水平以及通用名的网上查询。虽然目前还不清楚如何浏览此网站，但该数据库资料在不断扩充，值得持续关注。

全球入侵物种项目（GISP）

（www.gisp.org）

该项目为生物多样性公约的合作项目。该网站主要对入侵物种进行一般性讨论，并提供了相关的有用链接，如本专题中的网站。生物多样性公约的网站提供了一些入侵物种的个案研究，这些种类繁多的入侵物种包括了那些影响农业的入侵生物。

夏威夷生态系统风险项目（HEAR）

（www.hear.org）

HEAR项目的目的是提供信息和资源，帮助治理夏威夷和太平洋地区的外来入侵物种。

该网站中有进入全球杂草大全的链接，链接网址是www.hear.org/gcw。该大全具有没有加图解的资料，包含迄今为止收集的有限信息。资料包括了寄主的其他名称、杂草的发生状况、起源、对极端环境的耐受性，以及是否有栽培种植。

该网站还可以链接到南太平洋区域环境项目（SPREP）的一个报告，即"太平洋的入侵物种，区域策略的技术评论"。该报告在2000年写作时回顾了对太平洋地区构成威胁的植物有害生物。详见www.hear.org/AlienSpeciesInHawaii/articles。

国际植物保护公约（IPPC）

（www.ippc.int/IPP/En/default.htm）

国际植物保护公约包含ISPM标准，其网站可以链接到其他国家的植物保护组织。

入侵物种专家组(ISSG)

（www.issg.org）

该网站有两个有用的产品：一是入侵物种专家名单，二是全球入侵物种数据库。

ALENS-L提供入侵物种专家的电子邮件地址，这些专家隶属于由SPC组织的世界自然保护联盟（IUCN）物种生存委员会。这是一个就任何入侵生物进行讨论的论坛，所以论题广泛，是一个向专家组请教问题的便捷途径。

可以发送电子邮件到"Aliens-L-request@indaba.iucn.org"预定专家组的电子邮件地址清单，邮件主题为空，并在邮件正文里写明"join"。

全球入侵物种数据库提供关于威胁生物多样性的入侵动植物的信息。

该数据库可以在http//: www.issg.org/database/welcome/中找到。

新西兰土地保护研究

（www.landcareresearch.co.nz/databases/index.asp）

土地保护研究网站收集有大量的生物资源和数据库。该网站可以提供收集的标本名录，如果需要标本拷贝，这是一个有用的资源，可以协助植物有害生物的诊断或获得有用的有害生物电子图片。网站中的数据库收集了包括线虫、节肢动物、真菌和其他病原物以及原产于新西兰的植物在内的信息资源。

风险中的太平洋岛屿生态系统（PIER）

（www.hear.org/pier/index.html）

这个网站主要介绍对太平洋岛屿生态系统有潜在威胁的外来植物。此外，还包括重要农业有害杂草的分布信息和电子图片。

PestNet

（www.pestnet.org）

PestNet 提供类似于入侵物种专家组的e-mail网络服务，但更集中于农业有害生物。它的主要目的是为东南亚和太平洋的植物保护工作者提供信息资源。网站中涉及讨论的主题通常是植物有害生物的识别、标本如何获取及其控制方法。

PestNet 中有一个网页介绍如何加入电子邮件列表服务器，相关人员只需要按照网站上的说明就可以加入PestNet。该网站还具有多种植物有害生物的图片库。

太平洋共同体秘书处（SPC），植物保护服务系统（PPS）
（www.spc.int/pps）

　　PPS主要负责协调各太平洋国家和地区的植物保护问题，致力于预防性检疫屏障、预防入侵和有害生物治理。该网站拥有关于森林有害生物的专门报告、有害生物的监测和治理，以及太平洋地区植物有害生物名录数据库。

太平洋岛国传统作物
（libweb.hawaii.edu/libdept/scitech/agnic）

　　该网站由美国农业部的农业网络信息中心（AgNIC）（http://laurel.nal.usda.gov:8080/agnic）设立，其中包含许多像醉椒、槟榔这样的太平洋传统作物的栽培、有害生物治理和市场营销等问题的信息。网站还包括与夏威夷大学相关网站的链接。

环境杂草

　　环境杂草名录服务器由澳大利亚杂草合作管理中心负责运作。该网站用来发布和讨论自然生态系统中环境杂草治理的信息。发送电子邮件到 majordomo@adelaide.edu.au订阅环境杂草的信息，邮件正文写"订阅环境杂草"，主题为空。

2.4.8. 植物有害生物信息表

　　植物有害生物信息表提供靶标有害生物鉴定的详细资料，以便调查人员在野外参考。这些信息表也可以称作"田间指南"，可以用收集到的所有信息来完成这一步，制作自己的植物有害生物信息表，这些信息表应该简洁明了，易于阅读。
　　植物有害生物信息表应包括以下内容：
- 植物有害生物的通用名和学名
- 寄主范围
- 为害症状和形态
- 显示植物有害生物典型发育期在多种寄主上特征表现的彩色照片或示意图（如有可能）
- 首选栖息地，其中可能包括花盆、垫衬物（木质包装）、市场摊位、地下仓库和船舶集装箱等非自然的环境
- 如有可能，容易与靶标有害生物混淆的其他有害生物的细节也应该包括在内
- 杂草信息表中提供幼苗和成株的诊断部位如花、叶和芽等的详细图片。

第3步

► 记录植物有害生物的名称

► 记录植物有害生物的重要性

► 记录植物有害生物的诊断特征，包括生活史

► 制作将在野外用到的植物有害生物信息表

2.5. 第4步 确定靶标寄主

如果不包括寄主植物，如杂草或利用信息素诱捕害虫的调查，请直接跳到第5步。

2.5.1. 寄主名称

列出靶标寄主植物的通用名和学名。

如果涉及森林，要列出优势树种及其通用名。

2.5.2. 寄主或农产品的价值

说明寄主的重要性。例如，它们对小社区的营养价值，以及其对所在国家或地区经济的重要性。

2.5.3. 寄主植物的生长习性和生活史

说明与要调查的有害生物的诊断相关的每个寄主的生长习性和生活史的所有方面。

列举靶标寄主植物是如何生长的。例如，在田间、作为森林作物、在庭院、在公共场所用作美化环境的树木。

植被有多高、多茂密？周围可以看到和接近的植物有多少？能收集到来自植株冠部、茎干中部、生长顶端或植株基部的标本吗？

对杂草而言，欲调查地区的植被类型是什么？

2.5.4. 寄主的可接近性

如果你正在设计一项特定调查，你需要考虑植被和拟调查有害生物的地区。如果有人要将你的报告用作一般监控中的一部分，那么关于寄主可接近性的信息是很重要的，因为这可以帮助解释为什么只能在某些地方进行调查。

专题 3. ISPM检疫性植物有害生物的类别

受控的有害生物　检疫性有害生物或受控的非检疫性有害生物

检疫性有害生物　对受威胁地区有潜在的经济重要性的有害生物，但目前在该地区还不存在，或存在却没广泛传播，受到官方控制

非检疫性有害生物　对某个地区来说，它们不是检疫性的有害生物

受控的非检疫性有害生物(RNQP)　某种非检疫性有害生物，如果出现在种植的植物中，其存在会影响这些植物的预期用途，带来不可接受的经济损失。因此，进口缔约国在其领土上对它们进行管制（ISPM 5）

在进口国家，RNQPs已经存在且通常分布广泛（ISPM 16）

检疫性植物有害生物和RNQPs的比较（ISPM 16）

定义标准	检疫性有害生物	RNQP
发生状况	没有发生或有限分布	已发生并且可能广泛分布
检疫途径	对任何传播途径采取植物检疫措施	只对种植的植株采取植物检疫措施
对经济的影响	预测有影响	已知有影响
官方控制措施	一旦发生，官方会采取控制措施，对其进行铲除或者遏制其传播	官方对指定的种植植株采取控制措施，抑制其传播

此分类范围之外的其他植物有害生物属于非受控类型，不论它们在其他地区是否是有害生物。

寄主植物是如何排列的？如果它们是成排均匀种植的，你能在行间行走吗？如果在里面行走，你是否能看到全部的植株（考虑马铃薯和油棕榈树之间的种植差异）？

如果植被随机分布，如原生的森林或市场菜园，或者连续种植，如大面积的粮食作物，你可以在其中行走或驾车吗？财产所有者能够允许的由田间步行调查导致的作物损失是多少？你预期人们在作物或森林中能看多远？那里的地形如何？是否有偏远地区？是否有可以影响你进入调查地点方式的水坝、河流或栅栏等障碍？

2.5.5. 寄主的区域分布

说明所关注的国家或地区寄主的分布，列出所有地点的名称。农产品的抽样调查则说明该农产品在调查期间保存在何处，如包装场或当地市场。

第4步

- ▶ 记录寄主植物的名称
- ▶ 记录寄主植物的重要性
- ▶ 记录寄主植物的生长习性
- ▶ 如果想进行特定调查，记录调查的可接近性
- ▶ 记录寄主植物的区域分布

2.6. 第5步 转主寄主

其他植物有害生物和寄主生活史的节奏与靶标有害生物存在互作。植物有害生物的其他来源还包括附近的其他寄主植物，如果是杂草的话，还有定殖苗或种子库。这些寄主可能包括真菌病原的转主寄主，这些真菌病原在转主寄主上有一个强制性的无性生殖或有性生殖阶段。

确定整个寄主范围对于外来植物有害生物的早期检测调查以及明确其侵入范围的划定调查都十分重要。

这类信息同样可以从以下方式获得：与当地人交流、参考出版物、搜索互联网上的数据库和资源。

第5步

- ▶ 记录其他植物有害生物库

2.7. 第6步 回顾前人的调查计划

了解你的同事或组里的其他人是否设计过类似的监控计划。联系国家植保组织，询问他们是否有既定的计划，或是否能够帮助联系其他设计过类似监控计划的人。如果这个计划涉及贸易，那么NPPO就需要成为计划中的一部分。也可以利用专题 2列举的专家组的email地址，寻找相似条件下的类似有害生物或寄主的调查计划。

这些报告可能为你将要设计的调查计划提供有用的信息。

第6步

▶ 收集所有可以获得的调查、监控计划或报告

2.8. 第7~10步 选择调查地点

调查地点的选择通常涉及6个层次（图2）：

1. 首先选择"区域 (area)"，这包括将寻找植物有害生物的地方，即指**正式定义的一个国家、一个国家的一部分，或者几个国家的全部或部分地域**（ISPM 5）；

2. 其次选择包含的"地区 (district)"，它们可能是种植地区，或在地图上显示可大致归成组的区域中的地区；

3. 第三是在可调查的地区中选择"地方 (place)"，例如，农场、森林、社区、村庄、港口或市场；

4. 第四是在每个地方选择"田间位置 (field site)"，这可能是田块、人工种植区、市场摊位（出售靶标商品的地方）或农林庭园；

5. 第五是在每个田间地点中选择"取样位置（sampling site）"，包括样区、单个植株、树木或者农产品、取样地带、能够设置信息素诱捕装置的树木，或者作物的行；

6. 第六是选择"取样点（sampling point）"，当需要在取样位置采集标本时，需要选择取样点。例如，你在每个果园里选择了20棵木瓜树作为取样位置，打算采集每棵树上的三个果实，或者检查从上数第三个顶部茎。某些情况下，如信息素诱捕或对市场上的农产品采样时，取样位置和取样点是相同的。

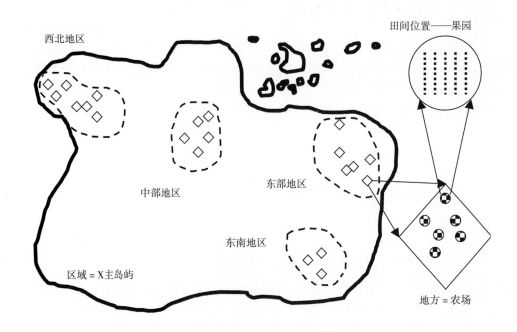

图2. 图示说明区域、地区、地方和田间位置

2.9. 第7步 确定调查区域

调查区域应该易于确定，是指整个国家或该国在其周围能够建立有效检疫措施、经明确划定的某一部分。

第7步

▶ 与第5步一样，记录调查的区域。提供区域的气候、地势、地理坐标的简明细节

2.10. 第8步 确定调查地区

如果不知道要调查的地区，就需要去寻找，可以通过与已知地区的人交流以获取信息，如护林员、代表种植者利益的政府部门或私人团体。调查者需要在该区域的地图上标出待调查的地区以了解（发生）趋势。也可能已经知道调查地区，如它们在气候上是孤立的，通常只有一个或几个这样的地区，调查者应该很容易确定它们。

根据调查目的，也会很清楚选择哪些地区进行调查。

第8步

▶ 记录要调查的地区，清楚地确定每一个调查地区并作出整体协调

2.11. 第9步 确定可能的调查场所、田块及取样点

在这一阶段，需要找出待调查的地区、田间位置、取样位置和取样点的特征，即明确它们是什么类型的场所，可以参考2.7的例子。

有些调查没有取样位置或者取样点，有些甚至不要求田间位置。例如，调查者从悬崖顶部观察一个森林的显著症状就是对整个地方的调查。

第9步

▶ 记录场所、田块及取样点的特征

2.12. 第10步 选择取样点的方法

每一个调查计划都必须包含地方层次的调查，这是能执行的调查的最低等级。某些调查只在这一地点选择的层次中进行。这些是借助有利的地点（见2.12.3.12）和遥感（见2.12.3.13）进行调查。

仅仅从地方层次上收集数据的调查是指：从一个高处的有利位置查看大片地区，从而得以浏览整个地方。满足这种调查的地区，其为害症状或者有害生物的发生在远距离就很明显。由于细节的等级很低，这种调查方式不适于大部分的调查目的，尤其是那些为了满足贸易伙伴了解细节要求的调查。

根据打算调查的理由，调查者要么明确知道调查的地点，要么需要选择调查地点。

这一阶段需要指出的是，在地点选择上没有唯一的最好方法。由于后勤和财务条件的限制，调查者也不可能找到所谓的"最好的"方法。重要的是要明确记录选择及做出选择的理由。然后，在特定的条件下，由与此有关的同行进行考虑和讨论，他们可能会非常赞同你选择的依据。

2.12.1. 当知道待调查的地点和调查数量时

有些调查需要针对某些特殊的地方、田间位置或取样位置。定界调查就是这样一种，它考虑某种植物有害生物的蔓延（以此来划定调查的地方和田间位置），明确有害生物传播的范围和到达的边界。我们将在第五章讨论定界调查，但将在这一章了解其步骤。

在高风险地点的监控中，地方和田间位置的选择很大程度上取决于城镇规划——外来有害生物最可能首次出现的地方及其周围地区，如港口与飞机场。参见2.12.3.1，目标地点监控。

突击调查（见2.12.3.2）与所有其他调查都不同，它首先包括选择靶标田间位置（它所在的地方、地区和区域已知），然后在取样位置层次彻底、快速地"完全取样"。参见2.12.3.3——完全取样。

2.12.2. 当需要选择调查地点时

那么你如何选择调查地点呢？其方法应该取决于调查的限制条件、植物有害生物可能的传播途径和最适合的取样计划类型。

2.12.2.1. 后勤与实际的限制

最好的方案是能着眼于相关地区的所有地方、田间位置和取样位置。但在很多调查中，这是不可能的，因为涉及成本问题。如果不能实现"完全取样"（见2.12.3.3），那么就要确定限制条件并尽力量化它们。关键在于，在人员数量、时间、资金、可获得的专门技术、天气或其他因素的限制范围内，你可能需要重新确定可以完成多少取样点和取样位置。这可能需要对调查进行假设（在资金和时间方面），同时彻底地想清楚在实际中调查将怎么进行。这些信息可以为调查多少地点、地方和地区提供线索。

2.12.2.2. 植物有害生物的传播模式

如果假设植物有害生物在目标区域出现，那么它们是如何传播或被传播的呢？了解有害生物是如何在作物间或其他地点传播将影响特定调查计划的制定。当将特定调查报告用作信息来源进行说明时，植物有害生物的传播模式也与一般监控有关。

有些有害生物，如飞蝗，在作物间随机传播，而其他的如线虫和一些杂草，就会在田间的小范围聚集。植物有害生物可能会偏爱某个区域的某些特殊地点，如沿着水源或栅栏。

如果预计有害生物是随机扩散，或其聚集是随机分布的，那么，在发生区域的任何地方取样，检出有害生物的机会都相同。当你不能观察所有位置时，这一点非常重要。

如果有害生物偏好选择作物的某一特定区域，那么，在取样计划中就要将该区域定为特定的调查目标（见2.12.3.1，目标地点监控）。

2.12.2.2.1. 如果不知道植物有害生物的分布怎么办？

如果有害生物发生了，可以在预备调查期间进行初步检查（步骤18）。土地所有者和农民也可能了解有害生物聚集的方式。

2.12.2.3. 调查所有地点

如果你选择在任一层次调查所有的地点，就叫做那一层次的完全取样。完全取样提供的数据是所有调查类型中最详细的。更多关于完全取样的信息可在2.12.3.3中看到。

有时可以从田间工作人员处获得有用信息。如果可以找到对调查地点和靶标有害生物非常熟悉的人，他们也许能够帮助你缩小调查范围。参见2.12.3.4，作物/森林员工的观察。

2.12.2.4. 调查某些地点

如果不能参加每一层次的所有地点的调查，就需要选择去哪一个调查地点。可以使用下列一种或者四种取样方法的组合。

1. 首先是随机取样。这包括为所有的调查地点（在同一层次）赋予一个数字或符号，然后采用随机数字生成法，选择和记录要调查的地点。见2.12.3.5，随机抽样调查。
2. 其次是系统抽样。把调查地点分为一定形式有规律的间隔，然后在此基础上选择（见2.12.3.7，系统抽样调查）。例如，按字母顺序列出地名，每隔一个调查一个地点，建立调查地点的网格状阵或平行样带。
3. 第三是分层取样。这可以与随机取样组合使用。这包括将调查地点分成逻辑性的类别，然后，从类别中系统地或随机地选择地点。
4. 第四是目标地点选择。根据有害生物最可能发生的地点进行选择，因此，调查有意地在地点选择过程中偏向有利于发现有害生物的地点。参见2.12.3.1，目标地点监控。

> 一般而言，调查设计应该有利于检测靶标植物有害生物。然而，调查计划应该同时包含一些随机取样调查，以检测意外的事件。值得注意的是，如果需要某个区域内某种有害生物流行的定量指标，那么目标地点调查的结果可能会产生偏差，不能提供一个准确的估计。
>
> ISPM 6

欲知更多关于偏差的信息，阅读专题4。

还有一些其他选择地点的方法，但是这些方法引入了选择偏差，没有真正的随机性成分。

首先是随意抽样（见2.12.3.9），例如，某人欲随机选择地方，但没有使用独立的随机数字生成法。

第二是便利抽样（见2.12.3.10）。该方法根据进入调查地点的方便性来选择地点，如离公路最近的地点。当调查森林，需要覆盖大距离时，调查者经常使用该方法，它也被称为"驱车穿越"或"步行穿越"调查（见2.12.3.11）。在选好的地点中，便捷取样调查可以和细节调查结合使用。

其他调查设计并不涉及随机性，但是无论如何，调查中采取随机的方法，对估计大范围作物或森林有害生物发生状况（见2.12.3.12）和遥感（见2.12.3.13）而言，是大有裨益的。

第10步

▶ 记录调查地方的选择方法
▶ 记录田间调查位置的选择方法
▶ 记录调查取样位置的选择方法
▶ 将所有考虑调查的地方、田间位置、取样位置列表，做好各自的标记

如上所述，你可能在这一步中已经知道在每一调查层次需要调查多少地点。如果这样，接下来进入步骤12——确定调查时间。

如果你已经选择好了调查方法，如随机抽样选择调查地点，你现在就需要计算需要调查多少地点，接下来，进入步骤11——计算样本大小。

2.12.3. 调查类型如何影响地点选择

2.12.3.1. 目标地点监控

锁定特定调查地点设计是用来增大发现植物有害生物的机会。

外来植物有害生物的早期检测监控通常涉及目标地点，即它们首次到达或侵染的地点。货物和旅客可能携带有害生物，通过跨越边境或到达港口、机场，将它们带入某个国家。有些有害生物也能通过风或水路在不同国家或岛屿间传播。根据植物有害生物可能传播的路径，这些地点被选为监控地点。调查地点的力度通常在有害生物的首次侵入点附近最强，随着距离的延长，其力度频率逐渐减少。

目标也可以在田间或森林中，这些地方主要针对寄主植物实施监控调查，或者在植物有害生物最容易发生的地方进行（由此会有意引入偏差）。调查对象包括已经成熟、早期脱落、装箱验收被拒绝的果实，或者毗连小溪的田间。

在调查地点工作的田间工作者、财产管理者和其他在所关注地区工作的人员，也许能提供有害生物已经在哪里出现的当地信息，这将帮助调查者识别有害生物出现的特定生态位。

优点
- 适用于外来植物有害生物的早期检测。

缺点
- 只能为植物有害生物的流行提供价值有限的信息。

专题 4. 更多有关结果偏差的信息

当以一种高估或者低估植物有害生物实际数量持续影响数据的方式收集、记录或者解释样本和观察结果时，这种影响就叫做偏差并在结果中造成误差。误差很容易以不同的方式出现，而在一些调查计划中，地点选择方面会有意识地引入偏差。在设法选择有害生物最可能存在的地点时，调查者会有意识地引入偏差，而不计算什么在大面积上流行。

在确定有害生物流行或者检查一个区域是否确实存在有害生物的情况下，为了收集准确的信息，尽可能地防止偏差的多种起因是十分重要的。

选择偏差

很容易根据正在调查地点的特征，选择一个植株或地点。有些症状和杂草从远处就能看到，自然会引起对这些区域的注意。不管是有意还是无意，调查者可能接近或者远离植物有害生物。调查者可能会避开难以接近或令人乏味的调查地点，或厌烦反复地搜索。

计算偏差

由于调查者有意或无意地偏向于一个低的或高的数字，例如，在计数每平方米有害生物的数量时，记载总比实际数量少或者多，这就导致了偏差。如果不止一个调查者参与计数，而每一个人都有不同的计数偏差，这种情况会更糟糕。在调查地点的人之间，鉴定有害生物或其为害症状的能力可能不同。

记忆偏差

当调查者根据以前的观察回忆来记录有害生物数据时，就会引入偏差。误差可能来自没记住什么地点、什么时间或哪种有害生物存在或不存在。调查者可以通过在可能的时候采集标本，在观察有害生物或症状时记载细节来减小偏差。如果不能做到这点，那么回忆的观察需要经过确认或者谨慎处理。

抽样误差

在下列任何一种情况下，都可能产生抽样误差。例如，当植物上的昆虫受到干扰，不好计数；天气影响计数，例如，在潮湿的时候，叶子的悬垂很不同；昆虫信息素气流支架的不同；采集设备的故障。测量中产生的失误会产生分析误差。例如，校正设备出错、放置诱饵捕获害虫时不是在发生的高峰期，或把捕获装置设置得彼此靠得太近或太远，不同调查者的计数方法的差异和诊断能力的不同、使用了错误的信息素，或者没有正确使用设备或适当地处理样本的能力。

2.12.3.2. 突击调查

突击调查的目的是检测所有存在的、包括发生数量很少的植物有害生物，并鉴定不明显的为害症状和新出现的有害生物。这些调查涉及在给定田间位置和规定的时间内对所有植物进行集中检查，制定一种寄主或者一些寄主的有害生物名录。这类调查可能仅限于一系列有特定相关性或风险的有害生物。突击调查一般在高风险区域比如港口使用。这些调查需要广泛的植物学、昆虫学、病理学专家来鉴定所关注的杂草、昆虫或病原物。发现新的有害生物的突击调查的效率一方面取决于植被结构，比如，对大树的监控很困难，特别是影响树冠的害虫或症状；另一方面还取决于资源和诊断有害生物专家的专业知识。

优点
· 在小区域内，提供有高度把握的植物有害生物的发生状况。
· 可用来确定某个区域植物有害生物的流行。

缺点

- 信息局限于小区域范围内。
- 可能花费太高或很难协调，特别是在组织大量专家时。

2.12.3.3. 完全取样

完全取样涉及在特定层次调查所有的地点，即调查所有地方和某个田间位置的所有取样点。它在田间调查位置的层次上和突击调查有交叉。

优点

- 对所有单元取样意味着在抽样计划里不存在选择偏差，提高了数据的置信度。
- 可以用来估计流行程度并且作为有害生物早期检测的一部分，或者用于监测调查。
- 如果植物有害生物的预期流行程度很低，这种类型的调查将可以检测任何出现的有害生物。

缺点

- 完全取样本身已经限制了其应用，因为经费和物资的限制，通常不可能调查所有的寄主植物、地点或区域。
- 当可以调查的地点很多，但进行全面调查的地点只有少数几个时，完全取样调查就不是使用资源最好的方法，应该调查田块中较少的寄生植物、调查更多的田块，因为有害生物的流行在田块之间有广泛的变化。

2.12.3.4. 作物/森林员工的观察

在这种情况下，管理作物或森林的员工向一个中心人物，如作物或者森林的经营者，报告他们工作期间发现的植物有害生物。员工需要回想他们在哪些地方、什么时间看到了什么，土地所有者就会带调查者去他们看到害虫和发病植株的地方。假定了解观察者与植物和相关地区之间的亲密关系，获得的信息会为调查者在有害生物的早期检测中省去大量的调查。在这种情况下，告诉田间工作者调查者们想了解什么是非常重要的。

优点

- 经济，因为这种调查可以在开展其他活动的同时执行。
- 如果工作者对调查地点和有害生物非常熟悉，尤其是随着时间的推移，他们对调查地点相当了解，那么调查者收集到的资料的质量就可能与全面调查相当。
- 对检测新发生的植物有害生物很有价值。

缺点

- 不能定量计算流行率，除非流行率很低或很明显。
- 对植物有害生物的及时检测依赖于调查者到调查地点活动的频率，有时这可能太频繁而不可行，如在地形复杂的森林里。

2.12.3.5. 随机抽样调查

通常不能调查所有的地点和寄主植物，所以需要选择一部分地点和寄主植物进行调查。为了避免选择性偏差，所有的地点和寄主植物都需要同等地进行调查。在随机抽样调查中，用无偏的方法抽取地点与寄主植物，可以减少地点选择上的人为偏差。这些无偏的方法就是把随机的概念引用到调查计划当中，详见第42页的专题5。

如果抽样间隔独立于预期植物有害生物分布，那么系统抽样调查（见2.12.3.7）也含有随机的成分。例如，地点有规律的间隔排列，不可能总是与害虫的出现或不出现相吻合。

优点

· 因为地点的选择独立于植物有害生物分布的模式，所以随机的成分可能检测出其他调查设计无法检出的有害生物。正因为如此，ISPM推荐所有的调查计划都**应该包含一些随机抽样来检测不可预测的事件**（ISPM 6）。

· 把随机抽样引入调查计划中的操作很简单。

· 可以作为检测调查或监测调查的一部分来确定有害生物的流行程度。

缺点

· 可能导致不切实际的地点选择和地点访问顺序，而且可能要与诸如比已随机的层次更高的分层的其他抽样方法相结合。

· 地点的随机抽样可能会错过成群的植物有害生物。如果调查者本来很容易发现有害生物，但是，因为调查计划采用的是随机选择调查地点，这样会错过发现这些有害生物的机会，令调查者感到遗憾（在此情况下，要重新考虑调查计划）。

· 有一些地点不能实现随机抽取。例如，在果园里的果树，由于其数量和位置是固定的，可以随机抽取。然而，每一棵树上的果实却不能随机抽取（在去场地之前），因为每一棵树上的果实数量不一样，树上的树枝、树叶、果实等分布的确切位置也不一样。即使是这样，在假定一棵树从上到下的分枝数目都一定的情况下，调查者可以采用掷骰子的方法，由此不难想象，如果需要，随机抽样可以引入到大部分的地点选择过程当中。

2.12.3.6. 分层随机抽样

在分层随机抽样时，寄主植物和调查地点被系统地分成组，然后在组中随机选择寄主和调查地点。

例：在20个村庄（层次：地方）调查香蕉病害。每一个村庄有15个农场（层次：田间位置），农场总数即为300个。如果要调查100个农场，可以从300个农场中随机抽取100个。这可能导致一些村庄的所有农场由于偶然的原因而被全部调查，而其他村庄的农场一个也没被调查。如果调查到所有的村庄很重要，那么就可以把要调查的100个农场按村庄分层，例如，可以在每一个村庄随机抽取5个农场。

优点

- 提供了一种将在大多数情况下实用的成分与随机抽样结合在一起的手段。
- 可以用来确定有害生物的流行率，并成为检测调查或监测调查的一部分。

缺点

- 如果调查的田间位置变化很大（如每一村庄农场的数量），从每个农场抽取相同的数字不一定显示真实的有害生物流行程度，因为寄主植物的位置可能不是均匀分布的。在这种情况下，也许需要对具有较多田间位置（农场）的地方（村庄）进行"加权"后再选择地点。

2.12.3.7. 系统抽样调查

系统抽样调查涉及标明调查地点，并间隔一定的距离、面积或寄主植物进行调查。例如，每隔十行、每隔两个农场或每隔7m²对寄主植物进行调查，以网格方式设置昆虫诱饵，每棵树选择两个苹果，或者对某个地点进行平行扫网。

优点

- 简单而有效。
- 样本数目与群体数量成比例。
- 在制定和执行调查计划前，也许不需要对整个群体计数(即，确切知道在所有农作物当中有多少行要调查)。
- 调查者有明确抽样操作指南可以遵循。
- 系统抽样调查比随机抽样调查提供更大检测到聚集分布的植物有害生物的机会，这是因为随机抽样调查可能完全错过甚至是大的有害生物聚集地，而系统抽样调查因为有紧密的间隔度，从而可以检测到。
- 如果地点间隔独立于有害生物的分布，那么就存在随机的成分。
- 在监测调查中，可以用来估计流行程度。

缺点

- 如果寄主植物不是按照有序的方式生长，或者调查者能够进入所有调查区域的机会不是均等的，那么就难以使用该方法。
- 需要确保以后不在相同的地点、同一植株或同一个平方米进行重复调查。这可以通过每调查一次，移动一个调查起始点（如移动一行）来实现。

专题 5. 在调查计划中引入随机成分

"W"抽样策略和对角线抽样

走大"之"字形穿过田块或森林，检查寄主或几平方米范围内的土壤，可以在抽样地点选择中增加随机成分。沿对角线或大型倒置的"W"方式穿过田块进行抽样可以达到同样的目的。这种方法的问题是，如果要不止一次地调查该田块，那么田块里所有植株被检测的机会可能不均等，同一植株可能被重复检查。如果没有太大重叠的话，在田间旋转或者偏置W、对角线或"之"字形抽样的调查起始点和方向可以克服这个问题。

随机数字的生成

给每一调查地点设定一个序列号码并仔细地给这些地点按号挂牌，就能够通过随机抽取这些号码实现调查地点的随机选择。记录被选择号码的顺序是很重要的，因为在一些调查里，如用于物种累积曲线制定的调查，记录被选择的号码的顺序决定了你将调查的抽样地的顺序。

生成一系列随机数字

掷骰子、抛掷物体、卡片叠和编号的小石子

如果只有几个调查地点，调查者可以通过掷骰子和记录出现的数字，并忽略重复数字的方法，来随机选择调查地点。

同样地，调查者可以使用标有调查地点序号或名称的卡片，将它们的顺序打乱，然后按照出现的顺序生成随机数字。显然，这些卡片必须被彻底打乱，因为卡片可能连成串。此外，要按组洗牌，这样，同样的调查地点就可能被重复选择。这些方法很有用，除非调查地点的数量远远大于能够使用的卡片数目。

另一个方法是站在调查地点的不同位置，投掷一根木棍（或能看见、但不会毁坏作物的东西）。在该物体能被跟踪的情况下，这方法会受个人投掷力量大小的影响。向后投掷物体可以减少有意朝着某个方向频繁抛掷的机会。

根据编号的取样地点，用记号笔在小石子上编号，然后混合在一起，再进行随机选择。其他要注意的是：小石子大小要均一，能够用记号笔编号，混合要均匀。

使用计算机上的Microsoft Excel

计算出你要调查地点数目的范围。你如果要调查92个地点，那么范围就为1~92。

方法一

在"RANDBETWEEN"函数中选择一个工作表类型的单元格，该函数将生成你选择范围内的数字。本例中，在1到92之间，相应的公式为：

= RANDBETWEEN(1, 92)。

按<enter>键，在范围1到92之间就会出现一个数字，复制并粘贴这个公式到你所需数量的单元格中，记录出现的数字，跳过已经出现过的数字。记录你所需随机地点数的数字。如果这个函数在你的计算机里不能运行，使用该程序的Help功能获得帮助。

方法二

这个方法克服了重复的缺点。用上述例子，依次创建一个包含数字1到92的列。在毗邻列的单元格中，依次输入92个type = RAND( )6。选择这两列中所有的单元格，使用包含随机数字的列作为排序列排序（在Data菜单中<sort>），这将把包含1到92数字的列随机排序，而没有任何重复。然后，你可以随意选取需要的随机数字进行调查地点的随机选择。

使用互联网

互联网上有很多网址拥有随机数字工作表或可以下载生成随机数的程序，但如果你有进入互联网的权限，你将有机会使用Microsoft Excel建立你自己的随机数字表。由于网站地址会随时间更改，这里没有列举此类网址。简单搜索"随机数字表"就足以找到有用的网址。

使用随机数字表

可以在出版物中找到随机数字表。实质上这些表格是使用与上述描述相似的程序，将00001到99999之间的数字随机生成一套五位数的随机数字。下页我们将会提供一个这样的表格，你可以跨过这一页使用这些数字。如果我们继续使用上面的例子，其最大的调查地点数为两位数的92，我们以两位数来读取这些数字，忽略位数为1和小于1或大于92的数字，在数字1到9间的数字前面加上0，即：01到09。例如，第一排的数字是：

56888 17938 03701 19011 21795 81858 84375 52174 30547 01838

首先读取56，然后88，因为8为1位数而被忽略，再到17，忽略93（因为大于92），忽略8，再到3和70，忽略1，等等。直到选择了足够的地点。下次需要随机数字时可以从表格中任一位置随机抽取，顺着行往下读，甚至往回读。

---

6 括弧里不要插入任何字符。

如果从三位数中选择，例如，共有480个地点（所有数字为001到480），读前三位数字，忽略每一组随机数字的第四、第五位，即忽略568因为其大于480，忽略88，读179，忽略38，读037，忽略01然后读190，忽略11，读217，忽略95，等等。

拉丁方

拉丁方是通过给调查位置设定一个数字或字母，把随机成分引入到抽样计划中的另一个简单方法。被观察的地点顺序是一样的，但是在每一后续的调查中起始点发生改变。

这也许有助于减少因时间（包括季节）导致的偏差。它通常在所有采样点可以有规律地旋转时使用。例如，以此顺序调查：

时间点 1	A	B	C	D	E
时间点 2	B	C	D	E	A
时间点 3	C	D	E	A	B
时间点 4	D	E	A	B	C
时间点 5	E	A	B	C	D

随机数据表

56888	17938	03701	19011	21795	81858	84375	52174	30547	01838
49616	05027	58559	77518	88818	15510	05166	17778	45383	63979
87810	50654	12571	64281	18565	63604	97574	77022	10497	70113
77768	24763	85849	17644	59367	55704	67362	91953	87927	54886
15685	77153	56972	83849	91933	04399	54762	71614	87482	66997
57092	05782	67929	96388	87619	87284	16247	86247	68921	61431
45805	97856	91292	58860	19103	04612	88838	39043	28360	38408
52092	41346	76829	28270	42199	01882	43502	20505	92532	87558
78094	24397	88649	24778	14083	25737	96866	53011	60742	04056
42069	88809	18431	08841	19234	28425	08699	86805	11950	71287
88748	65229	69696	94302	99033	64739	41696	46127	05953	25836
77027	57205	73195	17923	13149	23871	64516	54129	60723	12240
14727	32085	97754	87565	68544	47424	18127	39214	31843	50282
67741	79843	97622	21539	83690	87439	42371	92319	95824	77041
73620	81275	57875	76408	47690	23760	67511	71723	86944	46318
27839	40135	78953	09577	70296	79014	72997	52780	62760	34873
81980	85841	90030	81070	98649	97659	10671	89893	21450	57957
63538	95903	70908	23910	57908	67982	27523	62498	27636	02209
34182	62714	03756	64533	26160	20042	11142	00536	93365	08796
30918	27213	10699	59679	59136	82891	77801	62105	81536	91477
85473	23571	50458	11012	03006	83667	68269	23315	18286	48988
53811	39465	95669	80783	34150	65472	90418	48305	32304	23130
90354	51729	98512	79972	29695	38245	38004	81201	31328	38571
75420	48164	33446	07120	13909	10215	51857	19984	41887	17670
00454	95064	31329	06519	85296	07531	22075	30769	73421	17858
61307	17016	64835	16959	47499	42525	38932	33886	48382	88842

2.12.3.8. 昆虫诱捕调查

昆虫可以通过固定陷阱（如灯光、颜色或信息素）进行诱捕。然后从捕虫器中收集昆虫并进行鉴定。这些捕虫器主要用于检测昆虫是否在该区域里出现。

诱捕陷阱的设置和密度是非常关键的，位置及密度由捕虫器的类型或制造商的说明决定，并根据调查设置来使用。

捕虫器经常用来估计昆虫在该区域的虫害发生程度。在某些情况下，所捕获的昆虫的数量直接与真实的虫害发生程度成正比（例如，捕获到1头实蝇能够反映该地区可能实际有100头存在）。

优点

- 一旦设置好捕虫器，可以几个星期不用管理。
- 对被吸引的害虫进行早期调查非常有用。
- 捕虫器的放置不需要毁坏作物或树林。
- 可以用作虫害发生程度的指标。
- 捕虫器结合选择性的诱饵有助于捕捉特定靶标害虫。

缺点

- 有些捕虫器可能会因装满雨水或有其他设计上的问题需要管理。
- 捕虫器能够吸引目标区域以外、附近作物或当地植被上的害虫，这样就很难解释所捕获的害虫。在这种情况下，就需要核实每一种害虫的寄主范围，以确保捕获的害虫与目标寄主有相互作用。
- 计数和鉴定所捕捉的害虫费时费力。
- 由于涉及很多变量，使用捕捉的害虫数量作为虫害发生程度或害虫密度的定量指标是比较复杂的。
- 如果设置的密度或位置不对，存在的害虫会被遗漏。
- 当调查存在的所有害虫范围时，诱饵的选择性是一个限制因子。

2.12.3.9. 模拟随机性——有目的抽样和随意抽样

有目的抽样包括选择调查人员认为能代表整个调查点的地方、田间位置、取样位置，甚至取样点。这基于观察者对病虫害情况的预判，因而有意无意间会造成偏差，以满足该预判。

随意抽样是指调查者试图通过主观选择以偶然的方式收集"随机"标本。然而，人们有将采样地点均一分布的倾向，或根据"随机"方式的想法选择调查点。例如，人们一般不会考虑选择大面积上聚集的点。但是，如果随机抽样就会产生这样的结果。如果在野外选择取样点，而不是在电子地图里预先选取，调查者的眼睛往往会关注一些植株或症状，那么他们就会陷入窘境：如果有意地包括或排除这些取样点，取样还真是随机的吗？在大多数情况下，调查者想真正地模拟随机抽样是不可能的。

优点

· 在真正的随机抽样不可能时，也许是有用的。

缺点

· 使数据产生偏差，这可能产生不可信的结果。
· 不能用来估计有害生物的发生流行。
· 可能不能及时地检测新的有害生物。

2.12.3.10. 便利抽样（"经验法"）

便利抽样根据易行、快速或者廉价原则来选择调查点。例如，取样点彼此靠得很近、接近公路或者入口、地势最方便，或一棵有更低树枝或比其他树有更多果实的树等。

优点

· 方便而快速。

缺点

· 有选择偏差。
· 不能保证整个田间位置调查数据的代表性。
· 没有随机成分。
· 不能用于估计病虫害发生程度、检测有害生物群体中的变化，也不能用作可靠的早期检测调查。

2.12.3.11. 驱车/步行穿越调查

在该方法中，一或两个人乘坐轿车、走路或骑自行车或摩托车，围绕或穿过作物或树林的可进入部分，尽可能远地寻找明显的植物有害生物或症状。如果可以采集一个有害生物或症状的话，调查者就会停下来采集标本。这种调查的可靠性一方面取决于调查者的技能、调查地的植被、有害生物危害症状，另一方面也取决于有害生物的丰度（密度和高度）、危害地的地势，以及可见区域的代表性。在调查有明显症状的最佳条件下，驾驶的速度不能超过15km/h，在这种情况下，调查者不可能看到超过40m的远处（除非他们在高处有利的观察点上）。

优点

· 对明显的症状提供大致的调查。
· 不会毁坏调查的作物或树林。
· 如果植物有害生物是通过交通工具或人为散布，那么可用于靶标监控和有害生物的早期检测，因为很可能在土路肩上找到有害生物。

缺点

- 不能提供有害生物流行程度的度量。
- 不能提供难以看见的有害生物或它们症状的有关信息。
- 调查视角限于可通过的小路和公路。
- 如果调查者驾驶时不专注，会很危险。
- 依赖于调查地点的布局和道路的数量。

2.12.3.12. 从高处的有利地点观测

这一过程包括从诸如山顶或山谷边之类有利的制高点观测，双目望远镜可用来增加观测效果。

优点

- 在短时间内可以收集到大区域范围内的信息。
- 对于明显的症状，可以一扫而过。
- 可看到树冠或其他高大寄主植物。
- 可以监控步行或乘交通工具难以观察的地带。

缺点

- 症状或害虫必须高度可见，即害虫已完全定殖并造成了重大的破坏。
- 不能准确确定虫害发生程度和/或用于害虫早期检测。

2.12.3.13. 遥感

遥感是一个涵盖性术语，是在高处进行监控的一种方法，即在飞机飞行或卫星探测的高度从遥远的视角观测。遥感有效前提是基于所关注的植害生物或寄主植物症状的外部特征与邻近的植物差异明显。植物的图像用遥感器捕获，如专业照相机或雷达，并用计算机程序处理这些图像。这些程序可以提供存在的植被类型示意图，并计算某区域被有害生物感染的百分率，等等。遥感已用于检测和监测虫和植物病害造成的为害，以及入侵植物种的发生与传播。

更多信息请参考：

Greenfield, P.H. 2001. Remote sensing for invasive species and plant health monitoring. Detecting and monitoring invasive species. Proceedings of the Plant Health Conference 2000, 24–25 October, Raleigh, North Carolina, USA.

以及下面的期刊：

International Journal of Remote Sensing
Photogrammetric Engineering & Remote Sensing.

专题 6. 证实远距离观测收集到的数据

当直线步行或驱车调查时，调查者更可能发现距离较近的有害生物或症状。随着距离的增加，看到有害生物或症状的可能性变小。数据可靠性也受调查者的身高、视觉敏锐性、驾驶的速度、天气条件和植被密度的影响。

可以通过在沿着小路（或公路）不同距离或距小路任一侧不同距离放置人造"有害生物"来评价一个调查小组在不同距离检测植物有害生物和其症状的能力。放置"有害生物"的人员记录其间距及距小路的距离。然后，调查人员顺着小路步行或驱车，并记录他们沿着小路所观察到的每一个"有害生物"的距离。人造有害生物的大小和外形，要相似于将要调查的有害生物或症状，如用锯屑造的有黏性且能够黏附在树上的人造蛀屑（昆虫粪便）。最后，全体调查人员一起核对，计算出在离小路多远的距离时，有害生物观察的可靠性下降。

这个测试可以重复多次，把人造有害生物放在不同的距离上，直到收集到足够的数据为止。

在该测试中，在野外调查持续的时间、天气条件、设置的有害生物数量、有害生物发生的高度、为害症状的明显程度，都可能成为影响调查小组成员检测有害生物效率的因素。调查者应该明确影响他们调查效率的因素，提高调查能力，例如，每两个小时休息一次。

优点
· 在短时间内可以收集到大面积的信息。
· 可以粗略地估计有害生物的流行程度。

缺点
· 有限的应用，因为可能昂贵（如访问卫星）。
· 提供非常笼统的数据。
· 只有对容易与周围健康植被相区别的有害生物或症状有效。

2.13. 第11步 计算样本大小

调查目的是决定计算样本大小方法的主要因素。这里考虑的两种方法，是用于检测调查和监测调查的。

本章节的内容将协助计算样本的大小，以设置需要计数的采样地点的比例或有害生物为害的采样单位。例如，有害生物要么出现在一个水果或一棵树上，要么不出现。这里并不涉及为准确度量一种有害生物的浓度（或种群密度）而估计样本大小的定量方法，即计量每个果实或每棵树上有害生物的数量。

为调查计算样本量，调查者需要至少了解一些参数的概念。这一步提供了一些可以采用的基本计算方法，但是，统计过程会很复杂，可能需要求助于一位理解你统计要求的数学家或统计学家。一旦你了解了这里解释的基本参数，你就更能准备好提供统计学家需要的信息，并更好地理解他们给出的结果。

更多的详细信息，参考以下刊物：

Binns, M.R., Nyrop, J.P. and van der Werf, W. 2000. Sampling and monitoring in crop protection. The theoretical basis for developing practical decision guides. CAB International, Oxon, UK and New York, USA.

该刊物为精通数学统计的人员所用。

2.13.1. 计算样本大小的统计参数

主要参数（除样本数量是整数之外，均以百分数表述）如下。

2.13.1.1. 实际流行率

指在一个群体中受到一个或多个有害生物侵染的单位的实际比例。

2.13.1.2. 预计流行率

这通常以估计田间有害生物可能的实际流行率的预调查为基础，用于确定样本大小。

显然，在植物有害生物非疫区，预计的有害生物流行率和实际流行率的期望值都会接近零。对于为了监测已经发生的有害生物的调查，预计流行率的范围可以在0~100%。

如果预计流行率过高估计了实际流行率，计算的样本数量将太小而不能反映实际流行率，如果预计的流行率低估了实际流行率，那么计算的样本数量将大于确定实际流行率所需要的样本数量，从而导致过多抽样。虽然过多抽样浪费资源，但比抽样不充分风险要小。

那么如何预计流行率呢？即使它接近零，该参数也要量化。这里有几种方法可以去做，参见专题7——预测流行率。如果你不能预测一个有意义的流行率，你需要选择一个各方都可以接受的流行率水平。

2.13.1.3. 估计流行率

这是在调查期间确定的流行率，目的是估计实际流行率。

由于某些因素，如使用方法的精确性或灵敏度比已知或调查方案中提供的要低，或选择的调查设计没有提供有害生物的真实样本，调查期间得到的估计流行率可能无法反映实际流行率。

2.13.1.4. 置信度

统计的置信度是指实际流行率将会在预计流行率范围内的概率。

如果调查了，但没有发现靶标有害生物，由于没有对每一个寄主植株或每一个取样点进行抽样，就不能100%地确定这里没有这种有害生物。相反，你就不得不在一定程度上接受一些关于还没有检查或检测的寄主植物或区域的不确定性。置信度与样本数量之间的关系很简单：调查的地点越多，就越能确定估计流行率的准确性。

一般说来，至少为95%置信度的检测阈值被认为是可以接受的。在某些情况下，高于99.9%的置信度是必要的。在一些情况下，选择置信度的范围不由自己决定。合作伙伴也许要求一个特别的置信度范围，在该范围中调查可能发现有害生物的概率最大，并独立于任何后勤和经费限制。

置信度通常表示为流行率值的一段区间，实际流行率很可能在所选择的置信区间范围内。例如，流行率为46.5%的置信度是95%，可以表示为46.5%（95%CI：44.2%~48.88%）。

该数值的范围通常距流行率等"宽"（距离），这个"宽"（距离）被称做**置信区间宽度**。

2.13.1.5. 研究方法的准确度（灵敏度）

这一部分涉及当植物有害生物出现时，调查将在多大程度上检测到它。用于把样本分为阳性的和阴性的诊断方法，特别是那些涉及化学反应的鉴定，常需要对该方法检测到阳性结果的准确度进行评估。例如，如果你沿着一条直线调查一行树上的病虫害，方法的准确性就会改变，这是因为，树叶茂密使得观察者看不见所有的树，或者症状或病虫害不明显（见图3）。该方法的精确度可以指定为80%，有些方法可以合理地预计为100%的准确度。方法的准确性对检测有害生物出现的能力有直接的影响，必须在估计样本大小时考虑。

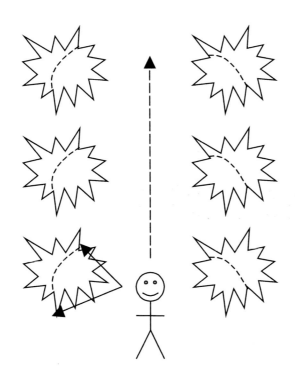

图3. 树木的直线调查

2.13.1.6. 样本大小

样本大小是在预计流行率中，为了以一定的置信度水平检测一特定有害生物侵染比例所需要调查的样本数量。

2.13.2. 检测调查的公式

该公式使用的条件是：调查的目的是为了检测植物有害生物，且它们的实际流行率很低。

样本数量、置信度和检测阈值之间存在一种简单的关系，置信度用百分比表示，检测阈值为0~1。

公式：

$$置信度 = 1-（1-预计流行率）^{样本大小}$$

因此，

$$样本大小 = \frac{\log（1-置信度水平）}{\log（1-预计流行率）}$$

执行运算表：

表1. 没有进行方法准确度矫正的样本数量

置信度	1－置信度	预计流行率	1－预计流行率	样本大小
0.95	0.05	0.01	0.99	298
0.95	0.05	0.02	0.98	148
0.99	0.01	0.01	0.99	458
0.99	0.01	0.02	0.98	228
0.95	0.05	0.001	0.999	2 994
0.95	0.05	0.002	0.998	1 496
0.99	0.01	0.001	0.999	4 603
0.99	0.01	0.002	0.998	2 300

如果方法的准确性小于0.95，样本数量就需要调整。使用下列公式：

$$矫正的样本大小 = \frac{上表中的样本数量}{方法准确度}$$

专题 7. 预测流行率

当预计流行率接近零时（检测调查的设置）

为了预测植物有害生物的流行率，需要在有害生物最终可能已经进入了调查区域时，估计一个"有害生物流行的开始日期"。该日期的确定可以根据开始在调查区域实施检疫措施防止有害生物进入的时间。同样地，也可以根据区域内最后一个有害生物被铲除之时，在这个时候，就可以假设区域里只留下少量的有害生物，所以在开始日期，流行率是非常低的。

下一步估计区域里小种群有害生物随时间繁殖和蔓延的比例，以此作为寄主植物/采样地点受感染的比例。这要以有害生物的繁殖速率、蔓延速率、存活率为基础。任何预测都需要有一些支持性的文件证明。然后，就可以预测开始调查时的流行率。

当预测流行率普遍大于接近零的预计流行率（监测调查的设置）时

一般来说，如果已知有害生物已存在于拟调查的田间取样点时，在某些时间点上，将会出现一些植物有害生物流行的事件和数据。此时，你也许需要考虑调查时间是否与有害生物发生及寄主植物生活史有关，还要考虑可能影响流行率的其他条件，如天气条件。该方法属于**外推法预测**的范畴，具体如下。

帮助预测流行率的工具

外推法预测

该方法根据文献记载或田间试验观察得到的在其他地方或者在同一地点前一次铲除之前的相同有害生物的侵染率。应用时可以允许有不同环境条件的差异。

通过比较预测

根据种群动态相似的某种有害生物的流行率。

通过模型预测

该预测需要在当前的条件下，从"植物有害生物流行起始日期"开始，使用有害生物侵染和传播的有关知识。如果没有关于有害生物的其他有用或可比较的可能的流行率来源，该方法有可能涉及复杂的计算机模拟。

表2. 进行方法准确度矫正后的样本数量

置信度	预计流行率	方法的准确度	矫正样本大小
0.95	0.01	0.80	373
0.95	0.02	0.80	185
0.99	0.01	0.80	573
0.99	0.02	0.80	285
0.95	0.001	0.80	3 743
0.95	0.002	0.80	1 870
0.99	0.001	0.80	5 754
0.99	0.002	0.80	2 875

2.13.3. 监测调查的公式

案例场景设定

1. 在某种有害生物侵染的果园或森林中估计受害树木的比例。

2. 估计发生某种有害生物的果实比例。

3. 估计被某种有害生物侵染的果园的数量。

当你选择有95%置信度和期望流行率大于2%时，使用以下公式。公式里会使用一个变量"Z"。"Z"来源于正态分布，并且"Z"值为1.96时等同于95%置信度。注意99%置信度，"Z"为2.58；90%的置信度，"Z"为1.65。在公式里，置信区间宽度和流行率表示为0~1的小数。

样本容量 =（Z / 置信区间宽度）^{2} × 预计流行率 ×（1—预计流行率）

例如，当置信区间宽度在5%以内，选择的期望流行率为20%时：

要求的样本量 = [（1.96 / 0.05）^{2} × 0.2（1 - 0.2）] = 246

表3. 执行95%的置信度水平时，样本量计算举例

置信区间[7]	预计流行率					
	2% 或者 98%[8]	5% 或者 95%	10% 或者 90%	20% 或者 80%	30% 或者 70%	50%
± 1%	753	1 825	3 457	6 147	8 067	9 604
± 2%	188	456	864	1 537	2 016	2 401
± 5%	30	73	138	246	323	384
± 7.5%	13	32	61	109	143	170
± 10%	8	18	35	61	81	96
± 15%	3	8	15	27	35	42
± 20%	2	5	9	15	20	24

2.13.4. 为多层次的取样地点选择确定样本大小

当你在多于一个层次下选择很多调查地点时，样本量的计算很快变得复杂。例如，有成千上万的地点供选择。同样，每一地点有太多可以用于调查的取样位置，你甚至也许有太多可以调查的地方。在这些情况下，就要求对每一层次调查地点的数量进行分层分析。这种分析随后也把前面更高层次的选择地点数量放在考虑范围内，但其中复杂的数学运算需要训练有素的人来进行。

第11步

▶　在你打算调查的层次，记录需要调查的地点和样本数量

7　该百分比值（或"百分点"）是期望流行率百分比的函数。例如，20%的期望流行率和5%置信区间宽度，置信度就等于20%乘以5%，即±1%，也就是指置信区间范围在19%~21%。

8　对2%和98%的期望流行率而言，样本量是一样的，因为用来计算样本量的公式包含"期望流行率"与"1−期望流行率"的乘积，这意味着相加为100%的一对流行率需要同样的样本量。

2.14. 第12步 确定调查时间

选择什么时候调查和多长时间调查一次是另一个关键的步骤。

2.14.1. 何时调查

理想情况下，应该在有害生物最有可能出现和处于可以鉴定的状况时进行调查。

> 调查的时间应该由以下几点决定：
> · 有害生物的生活史
> · 有害生物和寄主植物之间的物候学关系
> · 实施有害生物治理项目的时间
> · 有害生物是在旺盛生长期还是在收获后的作物上最容易被检测。
>
> ISPM 6

如果不好确定调查有害生物的最佳时机，调查者可以从了解有害生物的生活习性入手。考虑有害生物倾向于在寄主植物生活史的哪一阶段发生侵染？能持续多长时间？是否会在潮湿或者干旱的季节减轻？如果有害生物的寄主植物死亡或者快要死亡，它们是否能继续生存？正常的作物或森林治理措施能防治或杜绝有害生物吗？它繁殖和蔓延的速度有多快？有害生物在不同的条件和不同的生活周期能存活多长时间？天气条件或者天气突然变化是否会影响有害生物的生活周期与生存？

其他可能决定调查时间的因素：

· 有害生物最活跃的时候
· 可进入性和车辆的可利用性
· 地方节日或社区活动的时间
· 寄主植物播种、发芽、开花及果实成熟、收获的时间
· 杂草开花时间
· 明显症状出现的时间。

欧洲和地中海植物保护组织(EPPO)建立了一个网站。调查者可以在该网站讨论一定范围作物上调查有害生物的最佳时间，其网址是http://www.eppo.org/STANDARDS/gpp.htm。网站中的标准是根据欧洲的气候设计的，调查时间的信息与有害生物或寄主植物的生活史相关，因而可以应用到其他地区。

毫无疑问，定界调查的时间要尽可能地紧随检测到有害生物的那一天之后。

有害生物名录

当制定有害生物名录时，调查的时间相当重要，因为不同的有害生物选择不同发育阶段的作物，调查者需要通过有害生物的生活史来调查它们的寄主植物。最少应该调查的发育阶段包括：
- 出苗
- 旺盛的营养生殖阶段
- 开花阶段
- 结实阶段。

案例研究举例

案例C——桃花心木螟：在害虫最为活跃时调查。

案例E——谷斑皮蠹：在蠹虫孵化的高峰期调查。

案例F——实蝇：为了维持实蝇为害非疫区的状态，每一周到两周连续调查。

案例H——芒果果肉象甲和芒果果核象甲：当芒果的产量在当年是最高时调查。

案例K——假单胞菌：种植70d后至发病症状明显可见时调查。

案例L——巨大木蠹蛾：要么在冬天调查，此时害虫在树木上的蛀孔清晰可见，很容易估计新的蛀孔；要么在仲夏期间采集样本，害虫蛀孔仍然清晰可见，末龄幼虫或者蛹还在树干里，有可能出现蛹的外壳，这有助于调查。

案例M——猝倒：播种后一周，当幼苗出苗、症状明显可见时调查。

案例V——红带芒果毛虫：当已经长出水果、道路仍然畅通可行时调查。

2.14.2. 调查的频率

有一些调查需要实施多次。例如，在某种作物害虫的治理上，可能每两周调查一次，或者在维持有害生物非疫区的情况下，每年调查一次，或者根据有害生物的生活史来定。

如果贸易伙伴对调查也有要求，调查频率必须和他们的要求一致。同时，如果天气条件发生变化，调查时间与频率也应该作相应调整。

新西兰自然保护部门出版了如下的刊物，指导在森林或者其他生境中调查杂草时需要的调查频率：

Harris, S., Brown, J. and Timmins, S. 2001. Weed surveillance—how often to search? Science for conservation 175. Wellington, New Zealand, Department of Conservation.

该刊物提供了一个表格，指出在不同生境类型、杂草生长的不同形式下达到80%和95%的调查效果所需要付出的努力，同时还包括成本控制阈值，例如，对于500美元或者5000美元的恢复治理项目，你需要如何确定调查的频率。

第12步

▸ 记录调查有害生物的最佳时间，记录详细的理由

▸ 如果调查不止一次，记录调查的频率

2.15. 第13步 为在田间收集数据作计划

2.15.1. 确定取样地点

2.15.1.1. 给地点做标记

即使你不打算回到相同的地点调查，只要有可能，在待调查的田间给取样地点做好标记是明智之举。由于所采集到的标本和记录的观察有可能会丢失或者被毁坏，所以具有仔细记录条目的笔记本和标记好的调查点，可以使调查者在必要时候重返调查地点。注意选择的标签应该能够适应各种天气条件，使用铅笔或遇湿后不会弥散的记号笔来标注标签。

给调查地点做标记的方法包括：

· 给标签喷漆

· 在田间放置带有醒目流苏或标签的棍状物，尤其是在有害生物已经彻底铲除的地方（如杂草），但是，棍子或标签不能影响田间的管理措施，如被收割机挂住

· 在树干或树枝上系上标签。

2.15.1.2. 记录调查地点的细节

每一个调查地点的位置和识别特征细节都要记录到笔记本中，这些细节可用一个标准的表格来登记，从而可以运用到每一个地点中。为了有助于调查者设计自己的表格，可参照2.15.2.1的内容。

取样地点的描述包含如下信息：全球定位系统（GPS）读数、某个特征性数字、离肉眼可见提示物的距离（如距路边20m远）、一排植物中植株的序号或者最近距离植株的序号（如来自东北方角第三排的第十棵树）、任何显著的地貌特征（如峡谷边缘、壕沟中）。

2.15.2. 在田间记录哪些数据

在田间调查时，要随身携带的最重要的工具是笔记本和便签本。便签本有助于调查者记录任何可能忘记的信息，如调查的日期、当时的天气、地点详细说明，所涉及的当地居民的姓名、联系方式，也包括调查当天调查小组成员的出勤，以及其他一些希望在调查期间或之后掌握的详细资料。

复写式笔记本在采集标本时记录信息非常有用。用这种方式，这些详细说明只记录一次，而在笔记本里将有一个永久的副本及一本和标本一起保存的副本。副本记录还有其他作用，如在数据输入时使用。

调查者设计的表格是另一个记录数据的有用工具。

2.15.2.1. 设计表格

记录数据最简单的方式是设计一个可以记录你打算收集的所有信息的表格。这些表格可以装订在一起以免纸页丢失松散。那些不适合表格形式的附加信息，应该记录在笔记本里。必须确保调查小组成员之间能够理解记录的信息及标准格式，这样，如果使用了多个笔记本，至少调查小组负责人能看懂每个笔记本。

节约大量时间的简单方法是，在调查前明确应该存储数据的类型，以及如何设计表格，这样就很容易把信息传递到存储系统。参见2.17节——电子数据存储，以及2.23节——报告调查结果。当设计表格时，可以包含下面的内容：

· 调查者的姓名
· 田间位置编号或名称
· 取样点编号或者名称
· 靶标有害生物的名称——通用名和学名
· 时间与日期
· 天气条件的简要描述
· 取样点的地理位置，如GPS读数
· 栖息地的描述（如地势、植被和土壤类型）
· 能够明确的种群密度类别
· 有害生物的症状或寄主
· 有害生物的生长阶段或生长期（例如，昆虫的幼虫、蛹和成虫，真菌的有性和无性世代情况，植物的幼苗、发芽、春梢、衰老）
· 调查过的群居型昆虫的等级，如白蚁、蚂蚁和一些黄蜂
· 可能存在的媒介的行为记录（例如，"昆虫产卵在果实上"或者"昆虫栖息于植物叶片上"）
· 田间小区的面积或长度，或调查的样条
· 有害生物图片库中关于有害生物案例的链接文献
· 鉴别特征的色彩，如花的颜色
· 在田间地点应用过的所有检疫措施，如卫生检疫措施
· 田间位置使用的处理
· 附加注解。

如果你正在采集标本，在表格中你可以预留空间记录以下信息：

· 标本上出现的寄生物、重寄生物和/或生防制剂

· 标本的描述与鉴别号码

· 标本采集的地理位置，如GPS读数。

　　另请参见2.16.3——给标本做标签。

三个案例研究中的信息记录举例：

· 案例C——地理位置、环境（如种植园、娱乐设施）、寄主种、症状、发生率（受影响树木的数量）、严重程度（受到侵染的每一棵树的嫩叶数）、日期、观察者、GPS读数。

· 案例J——榨糖厂面积、农场名称、农场编号、调查日期、田间小区编号、小区面积、栽培植物、作物类型、实际检查面积、发现的病害。

· 案例N——任何死亡或者受侵染树木的地理位置、树木的健康状况、侵染中心沿样条的发生和范围。

2.15.2.2. 数据的单位

　　数据通常按度量单位记录，一般是单位面积的有害生物数量。数量可能是有害生物的直接计数，或者可能是记录的有害生物的密集程度范围。调查的面积可能是每棵树、每个果实、每块地、每种作物、每公里、每样方、每扫一网、每个陷阱等。举例说明。

· 案例C——每棵树受侵染枝条的数量。

· 案例N——与调查树木总数相比，受侵染树木的数量。

　　在期望靶标有害生物不会出现的调查案例中，如早期检测或者维持有害生物非疫区的案例，几乎很难发现有害生物。此时，有害生物的总数通常为零，但是，量化花费在统计工作上的精力是非常重要的。例如，某一区域内共20个农场，对每个农场里的600棵树进行了调查，没有有害生物存在的证据。

　　在某些情况下，早期检测监控计划也可能会定期调查到数量很小的某些有害生物。那么该区域内检测到的有害生物总数，就是调查报告的单位。一个例子是在有有规律的跨边界实蝇活动的边界地域诱捕实蝇的计划。根据某个季节内诱捕到的实蝇总数，调查者可以制定基于风险的应对策略：

· 2头或更少——继续监测

· 2~5头——增加诱捕密度

· 大于5头——加入检疫和防治措施，清除侵染。

　　在定界调查中，某个地点有无有害生物是非常重要的信息单元。

使用记载分级和打分

　　在有害生物相当多的情况下，特别是对植物病原物的症状而言，统计有害生物的总数不太可能，或者没有多大用处。相反，调查者可以使用病症覆盖寄主植物的程度，或者进行有害生物的标准化度量。这种记载分级是半定量的，因为级别的间隔可以很宽，它在其范围内可能不一致。

例1　侵染率

案例M：将零侵染率（受有害生物侵染的寄主植物叶表总面积）定为0，侵染率为1%~25%的定为1，26%~50%为2，大于50%为3。

例2　估计杂草覆盖比率

布劳恩—博郎克覆盖分级：

覆盖级别	覆盖%
5	75~100
4	50~75
3	25~50
2	5~25
1	1~5
少见	< 1
罕见	<< 1

参考文献: Mueller-Dombois, D. and Ellenberg, H. 1974. Aims and methods of vegetation ecology. New York, John Wiley and Sons.

例3　估计桉树树冠损害

这一指标包括以下的可视估计:
· 整体树冠损害百分比
· 单个叶片的平均落叶百分比
· 单个叶片的平均坏死百分比
· 单个叶片的平均褪绿百分比。
　　可视估计是根据显示不同损害程度的树叶的彩色照片进行的。

参考文献

Stone, C., Matsuki, M. and Carnegie, A. 2003. Pest and disease assessment in young eucalypt plantations: field manual for using the crown damage index. In: Parsons, M., ed., National forest inventory. Canberra, Australia, Bureau of Rural Sciences.

2.15.2.3. 阴性数据的重要性

　　记载阴性数据，即调查区域中没有发现有害生物的数据，这是非常重要的。这就有了寻找有害生物所做努力的记录。尽管这看起来很容易理解，但经常被忽视。在追踪有害生物的定界调查（第五章）及维持有害生物非疫区的调查（第三章）中，这些数据尤其重要。
阴性记录的有效性取决于一些因素:
· 植物有害生物容易产生显而易见的症状
· 寄主种分布广泛且种群密度大

· 寄主植物有很重要的经济价值，并可能已经过植物保护专家的鉴定

· 有害生物相对较容易鉴定

· 周围的环境有助于有害生物的侵染和发展。

第13步

▸ 决定是否或如何去标记调查地点，记录一个实例

▸ 如果可能的话，设计、包含一个用于记录数据的表格

▸ 你需要收集标本吗？如果需要，继续步骤14，否则直接跳到步骤15

2.16. 第14步 采集有害生物标本的方法

要极为小心地采集和处理有害生物的标本，以便保存好其诊断特征。如果要把标本提交到永久性模式收藏或标本馆，这点尤其重要。

如果要将标本送去鉴定，它们通常就不会被送回来。所以，要考虑采集两个或者更多的标本，假定能妥善保存，那么采集两个，一个留用，一个送去鉴定。这样的话，当送标本去鉴定时，就还有一个标本在手边作为日后的参考。也许需要修改使用标签体系以容纳多个样本。

采集植物有害生物标本的方法是许多书籍和手册的主题，因此在这里不再赘述其细节。相反，下面提供了一个有用的参考文献的简明综述，接下来是有害生物采样的一般方法，以便在没有特定规程时使用。请参考第75页专题8：携带的设备。

2.16.1. 有用的参考文献

2.16.1.1. 昆虫及相关种类

参考文献 1

Upton, M. 1991. Methods for collecting, preserving and studying insects and allied forms,4th ed. Australian Entomological Society. ISBN 0 646 04569 5.

此书可以在http//:www.entosupplies.com.au中找到。2005年，此书售价为24.2澳元。

这本短小而详细的手册包含：

· 网捕采集法

· 拍打采集法

· 抽吸以及真空法

- 诱捕法
- 选取法
- 专业采集法。

参考文献 2

Schauff, M.E. Collecting and preserving insects and mites: techniques and tools. Washington, DC, Systematic Entomology Laboratory, USDA, National Museum of Natural History, NHB 168.

　　这一文献可以通过http://www.sel.barc.usda.gov/selhome/collpres/collpres.htm免费下载。

　　此书包含了要使用的采样设备以及下列有关的信息：

- 诱捕法
- 下料，诱饵和其他引诱剂
- 采集水生昆虫、土壤昆虫和外寄生昆虫。

　　这本书接着讨论了昆虫的致死、保存、封藏、标记、收藏，以及标本的包装、运输等细节。

2.16.1.2. 植物病原物

参考文献

Anon. 2005. Management of plant pathogen collections. Canberra, Australia, Department of Agriculture, Fisheries and Forestry.

　　这本手册主要描述采集植物病害样本的方法，包括：

- 叶片、茎和果实
- 根和土壤
- 大型真菌。

　　这本书是调查植物病原物时本指南非常有用的姊妹篇。它不仅描述了鉴别、保存这些有害生物标本以永久收藏的方法，也介绍了如何建立植物病原物标本馆的方法。

2.16.1.3. 杂草

参考文献

Bedford, D. and James, T. 1995. Collection, preparation & preservation of plant specimens, 2nd ed. Sydney, NSW, Australia, Royal Botanic Gardens. ISBN 0 7305 9967.

　　这本书可在悉尼的皇家植物园中直接购得。2005年标价6.95澳元。网址：http://www.rbgsyd.nsw.gov.au/Sydney_gardens_domain。

2.16.2. 一般的标本采集方案

2.16.2.1. 昆虫和相关种类及植物病原物

这里列出了害虫和植物病原物收集的一般步骤（见下面的摘录），该摘录来自PLANTPLAN：澳大利亚紧急植物有害生物响应计划，于2005年由澳大利亚植物健康企业制定。更多信息请查询http://www.planthealthaustralia. com. au 。

· 每次采样之前和之后用消毒剂将所有工具消毒[消毒剂可用体积比为70%的乙醇，或含有0.5%活性氯（体积比）的溶液]；

· 如果认为是根部出现问题，收集根部样品时应该包含土壤和根冠（茎基部）组织；

· 保证从取样到将样本迅速发送去鉴定之间的时间间隔为最短是绝对必要的；

· 当对可疑的EPP（外来植物有害生物）进行取样时，由于取样有可能增加EPP的传播，因此不要在不同的取样点之间往返；

· 如果有可能的话，在田间及对具体植株取样时，从可观察到的最小受害区域到可观察到的最大受害区域依次取样。

昆虫样本（尽可能使用特定的方案）

i.   尽可能地采集大量处于不同生活史阶段的标本是明智之举，如在成虫期，应采集大量不同颜色、不同大小的样本，用以描述那个物种/生物型在形态学上的差异。收集有助于诊断的不同生活史阶段的标本。

ii.   采集两份标本，并保持清洁和良好状况，即保持其附肢的完整，如触角、翅、足等。

iii. 用一个小型的防漏抗乙醇容器，如装胶卷的小罐、有气密和液密塞子的玻璃瓶或是上面有旋钮盖子的塑料容器。

iv.   运送小型（或）软体昆虫时（如蓟马、蚜虫、螨虫或昆虫幼虫），把标本放入含65%乙醇（甲醇也可以）和35%水的乙醇容器中，并将容器装满。

v.   用胶带牢固地捆扎盖子以免意外泄漏。注意：当粉螨或者介壳虫在树叶或者茎干上取食时，不要采集它们，因为这样将会损坏它们的口器而难以鉴定。可以把害虫连同其周围的叶片一起剪下，并放进乙醇中。

vi.   运送硬体昆虫（如甲虫、飞蛾、蝗虫及果蝇）时，要小心地用纸巾包裹，然后放进塞子上有透气孔的防压塑料管或容器里。

vii. 保留一份备份标本，将其保存在安全、凉爽、阴暗的环境中。

viii. 如果可能，在发送标本前，把标本放到冰箱里冷冻两个小时以杀死害虫。

ix.   为所有的标本制作清晰的标签（见2.16.3——给标本做标签）。

x.   不要运送活体昆虫。

注意：在异常情况下，实验室鉴定可能需要活体材料。例如，如果只能采集到幼虫标本，诊断实验室就需要先将其培养成成虫（在安全的设施中进行）。这样的话，就要做一些特殊的安排，如保证运输安全、在机场迅速领取样本等。

病原物样本（尽可能使用特定方案）

i.　　尽量在同一天采集和发送样本，以确保新鲜。

ii.　　挑选一式两份样本，保留第二个样本作为参照材料。

iii.　　真菌和细菌样本要保存在适当的环境下。

iv.　　把样本贮存在2~5℃的冰箱里直至发送。注意：有些病原物在冷的环境下不能存活，如果所采集的可疑EPP遇到这种情况，把它贮存在适当的环境下。

v.　　在植物罹病与健康部位的边缘处选取标本。

vi.　　选择新鲜、有代表性、涵盖所有症状的样本。

vii.　　如果认为是根部出现问题，收集根部样品时应该包含土壤和根冠（茎基部）组织。

viii.　把样本放在自封袋里，并用脱脂棉或纸巾吸取多余的湿气。

ix.　　如果发送水果或者蔬菜病害样本，用脱脂棉或纸巾包裹并平稳地放进防压的容器内。

x.　　用以上所描述的相同方式保存和贮存备份样本。

xi.　　不要发送枯死植物上的病原体。

xii.　　不要增加额外湿度或者在潮湿情况下包裹样本。

xiii.　不要让样本材料干透。

2.16.2.2. 线虫

下面的摘录来自CABI生物科学的培训手册：

Ritchie, B.J., ed. 2003. Laboratory techniques for plant health diagnostics, a practical guide for scientists, researchers and students, 11th ed. Egham, UK, CABI Bioscience.

取样

在大多数情况下，必须避免土样太湿或者太干，土样应该在表土下至少5~10cm处采集，因为线虫聚集在根系层。如果植株上出现生长不良的斑点，就应该从严重受影响区域和正常区域里分别取样，以便比较。果树，如柑橘树和葡萄，就该在地表浅层根集中的滴水处采集[9]。每份样本采集量250~300g。当两个样本装入容器并彻底混匀后，就可以称取相同重量的亚样本分析。

9　　滴水圈是从植株最外面的叶片向地面滴水形成的圈。

如果可能的话，采集的样本里应该包括根，或单独采集25~100g的根部样品，要随机采集，量要足够。该根部样品量的低限适合于采集蔬菜和柑橘类植物的根，而高限适合采集根较大的植物，如香蕉树。

如果根部和/或叶片出现受线虫侵染的情况，受影响的部分可以移除，装入聚乙烯袋中，一回到实验室就应该将叶片从袋中取出进行鉴定，避免组织腐烂。这种样本要与土样和/或根样分开保存。如果地上部受到严重侵染（此时线虫可能迁移到健康的植株），可能需要深度达5cm的土壤样本。

保管样本

样本应该装于牢固的聚乙烯袋子里，并立即在袋子里面附上铅笔写的纸质或塑料标签。

样本必须保持阴凉，不要放在太阳下或者有阳光直射的封闭交通工具里，必须小心处置样本，并尽可能快地处理和发送样本进行分析。如果不可能立即发送或处理，那么可以把样本在4~8°C的冰箱里存放几天，而不至于使样本变坏，或改变线虫群体的相对组成。

2.16.2.3. 病毒

以下说明来自 Anon. 2005. Management of plant pathogen collec tions. Canberra, Australia, Department of Agriculture, Fisheries and Forestry.

采集怀疑被病毒侵染的植物组织后，用小干燥器临时存放，最好在0~4°C的条件下进行这项操作，但在环境温度下效果也不错。将氯化钙（$CaCl_2$）晶体装进塑料管。通常装到容积的三分之一即可。

用剪刀或者安全解剖刀片切开叶片组织，如果叶片上有灰尘，或有黑霉覆盖，或者有介壳虫，可以用水或者乙醇擦洗干净。应该从接近叶片中心的部分收集叶片的切片。把叶片切成3~5 mm的方块，并把5~10个方块放到含有氯化钙晶体或者硅胶的塑料容器中，但要用脱脂棉隔开，剪刀或安全刀片应放进乙醇或含量为10%的次氯酸钠(NaOCl)溶液中消毒，以避免交叉污染。

2.16.2.4. 植原体

以下说明引自Anon. 2005. Management of plant pathogen collections. Canberra, Australia, Department of Agriculture, Fisheries and Forestry.

因为植原体是专性寄生物，它们不能自主地生存于环境中，在培养基上目前也不能成功地培养。植原体的鉴定主要通过产生的症状、寄主范围、介体特异性、透射电子显微镜下罹病组织超薄切片的外观来完成。近来，其鉴定是通过特异性PCR引物来进行的。用作DNA检测的标本，可以用病毒标本的方法制备。可以向诊断专家寻求关于样本采集和处理的建议。

2.16.2.5. 杂草

下面摘自由澳大利亚国家植物标本馆推荐的一套关于采集和提交植物标本的的指南。植物标本馆网址是http://www.anbg.gov.au/cpbr/herbarium。在编写本指南的时候，这些详细的内容是存储在 http://www.anbg.gov.au/cpbr/herbarium/collecting/collection-procedures.html 中的。

采集

选择健壮、有代表性的标本。避免采集受害虫危害的植株。

所选标本必须在群体中具有代表性，但同时应包括植株的变异范围。根、鳞茎和其他在地下的部分必须小心掘起，小心地移除泥土。

确保标本包含花和/或果实。为更好地进行鉴定，采集额外的花和果实也是个好办法。

在采集高大的草本植物、灌木与乔木时，应该在同一株植物上采集不同类型的叶片、花和果实。尽量采集足够的标本来装满植物标本纸（大约450mm×300mm），并留出足够的空间贴标签。如果植物太大，一张标本纸板容纳不下，则应分开，压制成一系列的蜡叶标本。

当采集木本植物时，树皮和木材通常是有用的附属标本。鉴别一些植物标本时，有一些特殊的要求。桉树标本应该尽可能地包括成熟的叶片、嫩叶、芽、果实和树皮。

采集的其他一般性提示有以下几点。

· 体积大的植物或植物部位，可以在压制标本前分成两部分或切片。零碎的部分，如树皮、果实或种子，应该装在有编号或标签的信封或袋子里，与主要标本一起存放。

· 特别茂密的嫩枝应该经过裁剪，以使标本更加平整，这样可以明显地展示出片段是从哪里被裁断的。

· 如果是多刺植物，在压制前把它放在木板下面并粘在木板上，以防其刺破纸张。

· 肉质植物需要先将其浸泡在甲基化乙醇溶液里15~20min，使其失去活性。球茎植物标本也应先用这种方法进行处理，否则它们可能会在植物标本夹里发芽！

· 如果是水生植物，必须先让其漂浮在有水的盘子里，然后把一张硬白纸板放入水中，插到植物的下面，将其提出水面；滤干多余的水分，然后用普通的方法压制，使植物永久地黏附在白纸板上。在植物标本上方放一张蜡纸，以防止它黏附于用于干燥的纸张。

· 高大的具放射状叶片的植物和禾本科植物可以一次或多次地把它们折成"V"、"N"或"M"形，然后完整地压制。

· 雌雄异株植物，应该以雌、雄株一起作代表。

- 棕榈植物——有必要使用多个植物标本夹以展示出这些植物的树叶、花序、果实的不同部分。有必要保留整棵树与其每一个部分的照片。
- 一些裸子植物和露兜树科的球果需要装进金属丝网里，以免掉到地上裂开。

压制并妥善处理标本

标本在采集后要尽可能快地进行压制。如果不能的话，可以保存在塑料袋里，最好裹在潮湿（但不带水）的纸巾里。袋子不能捆得太紧，要保持阴凉与潮湿。确保每一个袋子都正确地标注了采集地点。

用绳给每一个标本系上编号的标签，置于折叠成几折的报纸里，放进标本夹中。如果有必要的话，可以放进一张带波纹的硬纸板以便通风。在将标本往标本夹中放的时候，要尽量使其保持水平，以便压力平均分配。这意味着，在压制体积大的根和其他部分时，可能还需要换用其他的边角，或者在捆紧大体积标本时要用塑料泡沫。合上标本夹并勒紧带子加压。

标本夹里的标本必须被尽快风干，如果可能，把它们放在暖和的地方。标本不要放在有湿气的纸上，否则它们可能会发霉。因此，在压制的最初几天，需要每天检查压制的标本，把潮湿的纸换成干燥的报纸。之后也要继续每天检查，必要时更换纸张，直至标本完全变干。

易碎的植物和花瓣在换纸时可能会丢失，所以在整个更换过程中，都应该把它放置在折叠的纸巾（如"克里诺克斯"纸巾或卫生卷纸）里，彻底干燥的标本很易碎。

2.16.3. 给标本做标签

在田间要计划好如何给标本做标签，至少要做好临时性的标签，以便日后做出完整合适的标签。没有附上标签的标本是很容易混淆的，特别是在取样一段时间之后。

2.16.3.1. 给标本制作标签的基本要求

由于标本是用于科学研究的，所以在采集时需要记录一些基本信息。根据ISPMs 6和ISPMs 8，在田间记录采集的有害生物标本，要尽可能多地包含相关信息。而其最低要求清单在这2个ISPMs中不同，所以这里对两个ISPMs分别进行介绍。

- 如果可能，记录有害生物的学名和拜耳代码（Bayer code）
- 科/目
- 如果可能的话，记录寄主的学名和拜耳代码，标明其受侵染的部位或采集方法（如引诱剂诱捕、土壤样本、网扫）
- 地理位置，如地区代码、地址、坐标
- 采集日期和采集者姓名
- 鉴定日期和鉴定人姓名
- 验证日期和验证人
- 如果有，标明参考文献
- 其他信息，例如，与寄主关系的性质、侵染状况、受侵染植物的生育期，或仅在温室中发现。农产品的有害生物报告，在地点和验证上不需要那么确切，但必须准确地指出这种农产品准确的类型、采集者和日期，如果可能的话，还要包括采集的方法。如果是新出现的有害生物，记录也要包括应对措施的信息，这些报告在有需要时可以提供。

ISPM 6 第10页

- 所涉及生物的目前使用学名，可能的话，记录种下的名称（株系、生物型等）
- 生长发育时期或阶段
- 分类地位
- 鉴定方法
- 记录年月（如果知道）；通常，日期的记录只有在特殊的情况下才要求（例如，第一次观察到某一有害生物、有害生物的监测）
- 地点，如地区代码、地址、地理坐标；要标明特殊环境，如受保护的栽培环境（如温室）
- 如果可以，要标记寄主植物的学名
- 如果可以，要标明寄主植物受到的损害，采集情况（如诱捕或土壤样本）
- 记录有害生物的流行率，标明有害生物的发生程度和数量
- 标明参考书目。

ISPM 8 第9页

　　如果打算把标本地送到诊断实验室或专家那里进行鉴定，要询问必须和标本一起提供的细节的类型和形式。标本鉴定人可能会根据标本的保存状况、温度要求和包装提出标本运送的相关建议。2.16.4——运送标木的一般性指南中，介绍了更多关于标本包装的详细信息。

2.16.3.2. 用于标记标本的唯一识别码

需要赋予标本一个唯一识别码，识别码可以包含数字、字母或者数字与字母的组合。识别码需要记录在标本上（或与标本一起）和你的笔记本里。

建立一个有逻辑的标准编号系统。如果你采集了双份标本，那么这个编号系统可使你很容易地管理这些样本。

如以下两列。

F23S45Sp1b：这串编码表示田间地点编码为23，取样点编码为45，1号标本的副本b。需要在笔记本里和标签上记载其他的信息，标明1号标本是什么或可能是什么。

AW200511235a：由采集人AW于2005年11月23日采集的第五个标本的副本a。以这种方式将标本归类，标本的编码就总是按时间排序，此外，避免了在将来的某一日期再次使用某一标本编码的风险。

2.16.3.3. 给标本贴标签

在简单地将标本包在纸里时，标本的详细内容（如鉴定者等）可以写在纸上，只要不把它弄湿或毁坏。

标本的详细信息也可以用铅笔或永久/防水记号笔书写在硬纸片上。如果标本有水分渗出或者潮湿，如果可能的话，在把标签与标本放在一起前，要确保标签上字迹已干。调查者可以在标签上打洞，穿上线，以便与标本连在一起。要把线固定在植物比较结实的部位上，确保在受到撞击或挤压时，标签不会脱落。

如果标本在瓶子或其他容器里，最好把标签贴在瓶身上，而不是盖子上，因为盖子拧开后很容易与其他瓶盖混淆。此外，可以用胶带把纸标签贴于容器上，或用有背胶的标签贴在容器上。

如果要把标本装在盛有乙醇的透明容器里，可以在放标本前，把标签放进乙醇里，标签需要用中等软硬的铅笔（HB、B或2B铅笔）书写，或用墨汁笔书写。但是，在把标签放进乙醇前，要确保笔迹已干。由于必须要通过瓶子看到标签，所以标签必须面向外。不要折叠标签或放置两张分开的标签，因为标签容易面对面贴在一起。小标签四处浮动可能会损坏标本。不要用乙醇完全装满小瓶，因为这样可能会使标本和标签自由地浮动，增大损坏标本的可能性。

如果有害生物，如昆虫，是固定在一个表面上的，那么就用同一根针固定标签。标签必须是纸制的，有足够的重量保持平坦而不会在针上旋转松动。

如果是土壤标本，确保标本袋内、外都有标签。

如果是显微镜载物片，可以用小贴纸贴在切片上面作为标签，但不要贴到标本。贴纸也可以正对着玻片上面的标签而贴在切片下面，但必须保证标本下方没有东西，否则，标签会挡住光线，影响在显微镜下观测。

2.16.4. 运送标本的一般性指南

如果是自己携带标本，当然很容易确保标本运送的安全。如果标本需要通过货运或邮递，就要小心地包装，以减少运输过程中由于错误操作造成的影响，同时，标本运送需要几天的时间要心中有数。

如果你要运送标本给实验室或专家，就需要和他们商量如何包装标本，什么时候有人在那里接收标本，以及有什么其他关于标本制备和运输的要求；询问是否有什么提交表格需要填写，并与包裹一起提交。

处理以下事项时，要格外小心。

· **活体有害生物**。这需要通风，要保证空气可以进入但害虫不能逃离。为保证植物标本存活，可以用稍微潮湿的纸巾将其包裹好，并封入塑料袋中。确保标本在运输途中不会受到极端气温的影响。

· **玻璃容器或易碎容器**。这些容器需要小心地包装，以避免玻璃容器之间、或与其他坚硬表面碰撞而损坏。可以把此类容器装进另一个每一边都至少比它大2.5 cm的容器里，并用包装材料填塞缝隙。

· **多个标本**。如果两个或多个标本需要包装在一起，确定每一个标本都已附上各自的标签。

· **乙醇中保存的标本**。容器要防漏。

· **及时**。采集标本后要尽可能快地递送。

· **邮递或运输要求**。核实邮递或运输系统在运送特定量的乙醇、有害生物、容器类型及任何你能想到的其他与递送相关的事项上是否有限制，这样可以避免标本被没收或损坏。

2.16.5. 采集新的外来有害生物的特殊注意事项

由于新的外来有害生物对产业或自然环境造成严重威胁，在第一次发现它们或怀疑其可能存在时，要格外小心。如果有害生物有风传的孢子，或是有翅的害虫，最好不要惊扰它们，以免它们进一步传播。如果需要采集标本，需要采取更多的检疫和控制措施。

以下操作非常重要，需要严格遵守，以便在外来有害生物逃离的情况下，能够建立明晰的证据链，追踪监控这些高生物安全风险有害生物可能的移动情况。

以下的说明针对那些可以附着于采集设备、车辆进行传播，或人为携带传播的有害生物。但对某些害虫，如新发生的实蝇，这些步骤则不能帮助将其隔离。

1. 把车辆停在有害生物侵染范围之外。

2. 在每个场地采集前与采集后，都对采集设备进行消毒。

3. 从最不可能受到侵染的地点往最有可能受到侵染的地点调查。

4. 保证所有采集的标本都很安全并已被妥善保存。

5. 不要扔掉可能已经被外来有害生物污染的标本。明确标记这些标本，以便进行适当的销毁。

6. 如果车辆已经驶入受侵染的区域，而且有害生物可能已经黏附在交通工具上（如土壤里的种子、病原物或真菌孢子），如可能，在已侵染地区用清洁剂对车辆进行加压清洗，以降低传播它们的可能性。关于紧急情况下对车辆进行加压冲洗的内容，请参见案例研究J（8.11节），该研究案例同时介绍了可以携带的个人消毒装备。

7. 服装：考虑使用一次性服装，如工作裤、靴套、手套。当在受侵染区完成工作后，把一次性服装放进密封袋。如果服装可以用高压灭菌消毒，尽可能使用高压蒸汽灭菌袋。在每个发现外来有害生物的地点，都要更换新的服装。如果不使用一次性靴套和手套，也可以用甲基化乙醇对鞋底和手部进行喷雾消毒。

8. 如果标本要送到实验室鉴定，需遵守以下条件。

　·对其进行安全包装。

　·在包装上粘贴有以下内容的标签：

　　·接收者姓名、地址和电话号码

　　·递送人姓名、地址和电话号码

　　·字条"紧急——疑似外来植物有害生物标本，保持低温"。

　·附一张便条在诊断设备里，显示采集的标本可能是外来有害生物，并标明你认为可能是什么类型的有害生物。

　·标本的核查必须正式地在交接链的每一个人间进行，例如，信使在收到标本时必须签名，然后获得指定的标本运送人的签名。

　·不要运送活体害虫，除非是有鉴定的特殊需要（例如，在果实里的实蝇）。

　·通知接收实验室，将有可疑外来有害生物运抵，以便安排人员接收和鉴定标本。

第14步

▶ 如果发现有害生物，记录你将要采集的标本类型

▶ 记录你将如何给标本制作标签

▶ 记录标本是如何制备、处理和鉴定的

▶ 建立一个在调查时需要记录信息的清单

2.17. 第15步 电子数据存储

　　不管数据是以笔记本还是表格形式记录，如果数据需要进行统计分析，或需要写一份报告，都需要把这些数据以某种形式输入到计算机程序里。

　　如果你有进入数据库资源的权限，特别是在调查范围很大、会反复输入数据时，你可能希望为你自己的调查建立一个数据库程序。

　　如果事先考虑好要存储哪些电子数据，计划好与笔记本里记录的表格和结构相关的电子数据表或数据库的结构，就可以为你和你的调查小组节省大量的时间与精力。

　　如果在你进入调查区域之前，已经构建好一个数据存储结构，则可以携带装有这个结构程序的笔记本电脑进行调查，从而在现场或当天完成调查数据的输入。如果有的话，也可以用个人数据助理(PDA)，如掌上电脑。个人数据助理是便携式电脑，可以与笔记本电脑和台式机进行通讯，并装有GPS系统，可以在数米内准确地追踪使用者的位置（纬度和经度）。通过编程可以将其设为电子记事本，以便记录调查人员需要的与每个田间观察和采集的标本相关的所有信息。调查后回到驻地，这些数据可以上传入计算机数据库，从而避免了重复输入。此外，也可以在从调查地点返回工作地点后，将笔记本中所记录的信息输入电脑。

　　要确保数据存储安全。应对数据进行备份，备份要完全分开保存，例如，放在其他地方的另一部电脑里、磁盘里或光碟上。要考虑计算机瘫痪、建筑物失火或其他形式的损坏，确保很好地标明了备份的文档名、创建日期，或者所含数据输入的阶段，至少每周创建备份数据，或者在数据输入阶段，每天备份。即使只是丢失了一天输入的数据，重输数据也是件非常烦人的事，而且可能会增加劳动成本。

第15步

▶　设计电子数据表或者数据库以便存储数据

▶　决定如何创建数据备份，以及多长时间进行一次数据备份

2.18. 第16步 调查人员

如果正在根据本指南准备一个调查计划，你很可能必须有其他人员的加入。在第二章步骤2中，你已经找到有鉴定有害生物能力的专家和可以递送标本的实验室。

如果调查计划涉及统计部分，你可能需要一个统计学家。你还要考虑派遣调查小组成员中的哪个人到田间调查，同时要考虑到小组成员鉴别有害生物的经验如何，是否需要进行培训。整个调查组都需要了解整个过程，包括用以鉴别和记录有害生物的标准方法。

如果你的小组里有男性和女性，要保证每个人都有合适的厕所和住宿设施。你可能还要考虑小组成员的宗教、医疗和饮食需要，特别是如果他们需要离开家和工作地点几天的时候。要确保他们的人身安全，在诸如森林或港口的货场等偏僻场所，要确保至少两个人一起参与调查。应准备急救箱，以应对咬伤、割伤、蜇伤等意外情况。有些地方是非常危险的，需要格外的小心，例如，有重型设备或收割机器的场所。你必须注意小组中的成员是否有任何残障，如听觉不好或行动障碍，因为在噪声过大或快速行进的机器面前，他们需要格外的照顾。要考虑成员的过敏症并做适当的准备。如果你要使用车辆，要注意小组成员的驾驶执照的类型。

> 参与调查的成员在适当检查的情况下，都应该在采集标本、保存和运输标本、记录标本等方面经过充分的训练。
>
> *ISPM 6*

小组的大小也可能影响士气与效率。有三个或更多成员组成的小组有助于提高积极性。当调查组成员正在寻找某一两种有害生物，而它们很少或者不存在时，可以考虑增加寻找的对象。坚持记录潜在寄主（数量和分布）也可以保持兴趣，提供积极的工作状态。让小组成员寻找和记录其他已经定殖的有害生物，或濒危的植物种，也是保持他们兴趣的另一个有用的互补性活动。

可以在进入野外前，或预备调查期间检验调查人员的技能。调查人员鉴定的准确性，可以通过使用外表与靶标有害生物相似的有害生物的照片或隐藏标本的标签的方法来测试。

要牢记，如果调查小组已经工作了很长时间，特别是有害生物几乎不存在时，队员会劳累、烦躁，他们的观察能力可能会降低。如果地势多山或是很陡峭，考虑对那些在难以到达的调查地点从事进行调查人员的轮换。可以考虑在早上进行野外工作，下午进行数据的处理和输入工作，或者以其他灵活的方式分配工作时间。

专题 8. 携带的设备

下面所列设备是在野外调查中要考虑携带的。如果要暂宿于野外，还需要携带一些额外的设备，尤其是在调查期间需要培养或者保存样本时。这个清单是在一些曾经进行过野外调查的调查者的建议基础上编制的。

个人物品

- 帽子
- 轻便雨衣
- 防蛇靴和裤子
- 饮用水和食物，如葡萄糖块等
- 驱蚊剂；灭蝇喷雾器，也可以用于植物标本制作，用以杀死昆虫或者防止昆虫侵扰标本
- 防晒霜
- 太阳镜
- 绷带
- 手表
- 急救箱：标准物品外加叮咬膏、扑热息痛、止泻药、防过敏药片、抗菌棉签、饮用水补水袋、水净化氯片、小螺丝刀、剪刀、手套和镊子
- 配备当地SIM卡的手机
- 如果有外籍成员，要准备护照复印件
- 如果调查检疫性有害生物，要准备好备用服装。

有害生物信息表或有害生物野外指南

- 参见2.4,步骤3——确定靶标植物有害生物，以获知害虫信息表上应该标明的进一步信息。

记录数据

- 防水、防乙醇的钢笔，或永不褪色的记号笔（但不能是圆珠笔），中等柔软度的铅笔（HB、B或2B）
- 野外笔记本，如果你使用复写式笔记本，你可以记录标本信息，撕掉一张副本与标本放在一起，仍可以保留一份标本记录
- 下雨时可能需要用防水纸记录。

标本采集设备

- 采集标签，如果可以的话，采用中性纸
- 塑料袋和纸袋
- 放大镜/有链子的手持透镜会很方便

- 标本管
- 保存用乙醇，用橡皮塞子密封（例如，典型的70%~90%乙醇）
- 无纺布巾
- 封口膜
- 小钳子/镊子/解剖刀
- 照相机
- 小双筒望远镜
- 修枝剪
- 铲子
- 手持地理定位系统（GPS）仪，以记录日期、时间和地理位置。

地理定位系统仪的特殊说明

GPS装置可以用不同的方式显示坐标，例如，它可以显示度、分和秒，或者只显示一个相应的十进制数字。检查所有进行合作调查的小组使用相同的定位仪，并确保所使用的定位仪可以在任何能够读取GPS信息的数据库中使用。

由于调查人员经常随意设定定位仪，坐标位置可能出现错误。最佳做法是在调查的每一天都核对同时、同地点使用的所有的GPS仪。这样，就可以明确某台或多台设备是否出现误差而需要重新校准。

- 地图
- 罗盘
- 诊断检索（鉴定、调查、病害/虫害分级标准）
- 采集许可证，允许调查的文件，如果需要，运输标本出境的许可证
- 折叠式小刀（带有链子）
- 非橡胶质地的家用手套/园林用手套
- 随机数字生成设备（卡片、骰子、计算器、统计表）
- 打火机
- 口哨
- 消毒纸巾（用于清洁工具以避免交叉污染，或吃饭前清洁手）
- 大手帕/手巾
- 卷尺
- 喷漆（用以标记树木、地标等）
- 颜色鲜艳的丝带/带子

- 泥铲或铁锹
- 不同大小的塑料袋——塑料自封袋更方便
- 砍刀
- 纸箱
- 手提冰箱（如"携带式冰盒"或"制冷盒"）
- 小桶（例如，用来携带植株的完整土样）。

调查背包

- 调查背包应为防水性较好、非皮革制成、有一条长肩带的背包。背负式背包一般不适用，因为它不便于装、取物品。背包应该有一两个主口袋及许多小口袋。

林间调查者的附加装备

- 在从树干/根部采集小块木材和树皮时，锤子与凿子是极有用的工具（凿子的适合尺寸为25cm），也可以用锋利的斧子来采集培养用的木片/树皮。
- 调查树根时，小型的组合鹤嘴锄/扁斧比泥铲好用。
- 修枝锯（折叠锯更理想）特别有用，可以帮助把标本修剪成更容易处理的形状。

  注意：一套易携带的工具箱，应包括一把刀刃要足够坚固从而可以砍断树枝和削掉树皮的刀、一把折叠修剪锯、修枝剪、塑料袋、不掉色记号笔、一套GPS装置、一个数码相机、双筒望远镜、一个罗盘和一个笔记本。

采集其他植物标本时的附加用品

- 喷雾水壶——在保持植物标本存活时使用
- 坚固的植物标本夹。如果你要去两个以上的调查地点，在野外使用薄而小的标本夹，调查结束后，转移到坚固的标本夹上
- 报纸
- 波形硬纸板
- 剪刀、胶带以及透明塑料袋，如果使用乙醇的相关方法的话（另见8.21——案例T）。

昆虫学家的附加用品

- 捕虫网
- 吸虫管或吸气管
- 诱饵或捕虫器
- 衬托纸板和昆虫针

脱脂棉，放在盛放活体昆虫的管子里，以防管子在野外损坏。

植物病理学家的附加用品

· 用于处理线虫的铲子和筛子

· 切割培养用植物的保险刀片和解剖刀

· 培养皿

· 密封培养皿的封口膜

· 标本盆

· 干燥用的固体氯化钙

· 乙醇

· 给解剖刀和镊子等消毒用的酒精灯。

如果调查组没有准备好防护用的雨衣、雨鞋、记录材料及遮蔽场所，以便给袋子里采集的标本贴标签的话，遇上下雨或多风的天气就可能造成士气低落。

2.18.1. 检查监控小组成员诊断技能的一致性

为了评价小组成员在观察和记录有害生物时是否相似，可以选择五棵或更多受感染的植株，或者特定的区域（如针对杂草时），并为其编号。然后，每一个成员对所有的植株分别进行评估，独立对每一棵植株进行详细记录。最后，比较各成员记录的每棵植株以及五棵（或更多）植株调查结果的平均值。如果记录有不同，小组成员将一起对该植物进行调查，并就结果达成一致。用新的植株或地点重复这个步骤，直到组内成员获得一致的结果。如果在诊断特征上有争议，则寻找更多在给定条件下植物外观的信息。

参看专题 6——确认通过从远距离观察收集的数据，详见48页。

第16步

▶ 记录调查小组的成员

▶ 组织资料并培训小组成员

▶ 记录参与设计、数据分析、有害生物鉴定的人员，或其他与调查相关的人员

2.19. 第17步 获得调查许可和进入许可证

考虑在某些岛屿、村庄、社区、森林或农场进行调查时，是否需要办理相关许可证。必要时，需要通知当地相关人员并使其参加调查，特别是当地的负责人。需要告诉他们调查的具体日期，清楚地说明调查目的，说明调查工作可能会造成什么后果。调查时间也许会与当地的文化活动时间发生冲突，此时，调查者有可能被拒绝进入。当到达调查地点时，即使已经取得了许可证，也有可能不能进入，因为有突发事件，如送葬的行列，而无法进入调查。因此在出发调查前，有必要再次核实许可。

在进入某个国家或者岛屿时，可能需要签证，进行所采集标本的国际传送时，可能需要检疫许可证。

需要注意，可能不能马上收到反馈信息，并查询办理手续一般需要多长时间。

在实施野外调查之前，你需要有充足的时间领取到这些许可证件。

第17步

▶ 记录需要什么类型的许可和许可证、向谁申领。同时，可能需要记录获得许可及许可证的期限

▶ 在适当的时间开始申领许可证

2.20. 第18步 预备调查

预备调查是指外出侦查待调查的地点，也就是观察一个或几个调查点，通知所有与调查相关的人员，和他们见面，检查交通工具和膳宿条件，并实地调查、从一个点采集和运送标本。如果调查组中至少有一个人有机会去执行预备调查，这对后续的正式调查中获得高质量的数据是极其有用的。预备调查期间遇到的困难可以克服，尤其是在有当地知识的人的帮助下。这使调查人员与当地人士有更清晰的交流，这也许是介绍自己和相关调查工作以获得准入许可的唯一方式。

预备调查包含一些有机的组成部分，如有害生物预期的流行率。这期间，可以完成小组成员检测有害生物的技能测试（见2.18小节步骤16——人员，以及2.12.3.11小节——驱车/步行穿越调查）。

第18步

▶ 执行预备调查

▶ 如果进行预备调查，将发现的新信息添加到调查计划之中.

2.21. 第19步 执行调查：收集数据和标本

调查小组此时应该已装备好调查计划、信息和工具，去执行正式调查了。祝你好运！

第19步

▶ 执行正式调查

▶ 在野外收集调查数据

2.22. 第20步 分析数据

调查结束之后，调查者将获得一套表格或"原始的"数据，也就是总体上还未经处理和分析的数据，即便这些数据的值全部为零。

这些数据可以用来：

· 进行基本的统计计算，如有害生物的平均数或总数

· 估计所收集数据的置信度（详见2.13.1.4——置信度）

· 制作植物有害生物分布图

· 如果是长时间的监测数据，则可以检查有害生物流行地点和种群密度的变化。

第20步

▶ 存储、制表和分析调查数据

2.23. 第21步　报告调查结果

由于报告调查结果需要特别的关注，我们将在第七章中详细介绍。

2.24. 下面的章节将要介绍什么？

第三、四、五、六章分别提供检测调查、监测调查、定界调查和一般监控之外的信息。请使用本指南开始处的目录，寻找你需要的调查类型的信息。

特定的调查可以是检测、监测和定界调查。这些是官方调查，在执行过程中应该按照NPPO批准的调查计划进行。

调查计划应该包括：

· 规定的调查目的（例如，早期检测、确认有害生物非疫区、农产品有害生物名录信息）及需满足的植物检疫要求的详细说明

· 明确靶标有害生物

· 明确调查范围（例如，地理区域、农业生产体系、季节）

· 明确调查时间（日期、频率、持续时间）

· 在制定农产品有害生物名录的情况下，明确靶标农产品

· 明确统计基础指标（例如，置信度、样本数量、地点选择和数量、取样频率、假设）

· 调查方法学和质量管理的描述，包含以下说明：

　－采样步骤（例如，引诱剂诱捕、整株取样、目测调查、标本采集和实验室分析）；这些步骤由有害生物的生物学，以及/或者调查的目的决定

　－诊断步骤

　－结果汇报步骤。

ISPM 6

第三章

检测调查

检测调查可能是最普遍实施的调查，它包括寻找未知其存在的植物有害生物。国际植物检疫措施标准（ISPM）对检测调查的定义很简单：

> 在某个区域开展调查，以确定该区域是否存在某种植物有害生物
>
> ISPM 5

ISPMs 将所有的调查方式划分为三类：检测调查、监测调查和定界调查。第三、四、五章根据它们的定义依次介绍。定界调查和监测调查都是对已发现其存在的植物有害生物进行调查，因此，用于某种尚不存在的植物有害生物的任何监测调查，当最终检测到该有害生物时，都被划分为检测调查。

根据定义，检测调查主要包括调查以制定植物有害生物和寄主名录（不知道在哪里发生，有哪些有害生物）及调查以证实植物有害生物非疫区（PFAs）、无植物有害生物的生产地区（PFPP）和生产地点（PFPS）。

检测调查还包括作物和森林有害生物的早期检测，以将有害生物侵入的机会减到最少，同时为管理作物/森林提供依据。

3.1. 调查制定植物有害生物或寄主名录

有以下几个制定植物有害生物和寄主名录的理由：植物有害生物名录可以用于作物管理，开发一个作物或一个地点有害生物存在的基准线；名录还可以用于构成国际市场准入谈判组成部分的有害生物风险分析 (见 ISPM 11)。

靶标植物有害生物的寄主名录能够提供转主寄主的信息。这样的好处是，如果在需要处理的邻近地点或边缘地带存在转主寄主植物或者地点，据此可以采取更有效的有害生物治理措施。转主寄主的信息可用于确定某种有害生物在进口国是否会对其他作物或本地植物造成其他风险。

3.1.1. 植物有害生物名录中有害生物记录的作用

植物有害生物名录中收录了受调查地区所有有害生物的信息。这些信息的来源为出版物和报告，例如，国家植物保护组织（NPPO）的记录、有害生物调查、研究报告、期刊文章以及网站中国际应用生物科学中心（CABI）作物保护大全检索系统（Crop Protection Compendium）。

作为市场准入谈判一部分的有害生物风险评估需要植物有害生物名录。处于有害生物风险中的农业产业贸易伙伴可能要求一些证据，以证明植物有害生物名录的准确性和可靠性。植物有害生物的信息一般是提供证据的基础，因此它可以成为影响市场准入的一个决定因素。

植物有害生物记录中包含一些需要提供的基本信息，这些基本信息参见ISPM 8，并在第二章第2.16节的第14步中也有介绍。标准还提供了相应指南，指导如何分析任何已发现的有害生物记录的可靠性。这些记录应该按照有害生物采集人/鉴定人专长的水平、用于鉴定该有害生物的技术、记载采集地点和日期的条件（正式调查比偶然的观察更有价值）和出现记录的出版物（NPPO报告和科学期刊比未发表的文献和个人交流更具价值）来进行分析。

标准还认可提交到官方[10]或一般收藏——植物标本馆、植物病害标本馆或昆虫及相关种类收藏——的标本的价值，在这些收藏中，除了记载与标本相关的细节外，还有一名专家核实有害生物的身份。

与保存在官方收藏的标本相关联的有害生物记录将提供有力的证据，证明名录中有害生物的鉴定正确无误，因为这样的标本可以经常被他人查看，如需要进行确认的贸易伙伴。

有人认为，没有标本来证实其身份的有害生物记录应该被称作"有害生物报告"，以区别观察的质量。[11]

调查中收集的有害生物记录受到很高的重视，当然，检测、监测或者定界调查中收集的有害生物记录是值得认同的。然而，我们还应该针对某一靶标区域，设计特定调查，以增加有害生物记录的数量，例如，制定某个寄主植物的有害生物名录，或者某种靶标有害生物的寄主名录。

根据ISPM 6的规定，NPPOs或者某个NPPO指定的机构可以扮演植物有害生物记录的国际智囊团的角色。

第二章第3步（2.4节）中还详细介绍了一些其他的信息来源，帮助鉴定那些和有害生物相关的寄主植物。

---

[10] ISPM没有规定什么收藏可视为是"官方的"或"非正式的"。

[11] 不要与ISPM 17中使用的、由ISPM定义的"有害生物报告"相混淆。ISPM 17中的"有害生物报告"是NPPOs用于向贸易伙伴报告违反植物检疫障碍的。

3.1.2. 有害生物名录调查

植物有害生物名录调查涉及严格且广泛地调查靶标寄主上的所有有害生物。和其他调查一样，名录调查按照第二章和第七章中介绍的步骤进行。

第1~4步

完成这些步骤。

第5步

不适用，只有确定了有害生物之后才可以预测或者调查转主寄主。

第6~7步

完成这两步，ISPM 4要求包括关于发生区域的详细描述信息，例如，区域大小、隔离程度和生态条件。如果靶标区域很大，调查需要检查生态或者气候带的范围，以及所有的生产地区。

第8~9步

完成这两步，区域调查必须涵盖寄主所有的主要生长地区。

第10步

可行的调查设计包括突击调查（见2.12.3.2小节）和完全取样调查（见2.12.3.3小节），这种设计可能还需辅以昆虫诱捕调查（见2.12.3.8小节），所有这些都需要在若干靶标地点中开展。

第11步

见3.1.4——物种累积曲线。

第12步

在一年的不同时间段内和寄主生活史的不同阶段，检查植物（或若靶标为杂草，在植物中检查）。

当制定植物有害生物名录时，时间安排尤为重要，因为调查贯穿寄主植物的整个生活史至关重要——不同的有害生物喜好处于不同发育时期的寄主。至少需要调查处于以下几个发育时期的寄主：
· 幼苗出土期
· 营养生长旺盛期
· 开花期
· 结果和种子形成时期。
考虑在不同的天气状况下进行寄主植物调查。

第13~14步

采集样本，并按照ISPM 8的要求做好详细记录，然后将标本上交到一个官方收藏。

在寄主植物根系层土壤中和寄主植物不同的部位调查有害生物（根、茎、叶、芽、新梢、果实、种子以及任何其他部位）。

第15~17步

完成这些步骤。

第18步

如果调查时间短且集中，就可以考虑省略开展预备调查这一步。

第19步

完成此步。

第20步

由于调查的目的是制定一个植物有害生物名录，因此不需要对调查的数据进行分析，除非希望进行相关方面的评估，如对收集数据所花的时间和所获数据的价值进行成本效益评估。

第21步

鼓励在期刊或者技术报告中发表有害生物名录，这不仅可以增加对名录的认可，还可以使名录得到更广泛的应用。

3.1.3. 植物有害生物名录个案举例

第八章中有以下个案研究的详细介绍。

案例 A

巴布亚新几内亚、印度尼西亚和澳大利亚北部甘蔗上的病虫害

案例 B

澳大利亚北领地检疫策略中心（NAQS）和太平洋共同体秘书处（SPC）针对植物病原物设计的早期检测和植物有害生物名录调查

案例 C

桃花心木和雪松枝干钻蛀性害虫状况和早期检测调查

案例 D

凯恩斯城市有害生物状况调查

3.1.4. 物种累积曲线（名录制定何时算作已"完成"？）

因为在获得最终的有害生物名录之前，调查者可能根本不清楚需要调查多少样本，所以这里提出物种累积曲线的概念，以帮助调查者作出决定。我们的观点是，在调查了一些样方后，添加到名录中的新物种的数量将会变少，这样我们就要对获得的不断减少的信息量和调查所付出的努力进行权衡。

调查时应该随机选择连续的采样地点，这样可以避免采样地点聚集在一起。

如果田间样区的不同部分影响到植物有害生物的分布（例如，样点边缘是否围有栅栏或有小溪流过、样点是否有高低不平的情况、是否有斜坡？），那么可以将田间采样点不同部分划分成以树或平方米为单位的层次，给寄主植株或面积的亚单位指定一个标识，这样就可以选择调查样点了。

物种累积曲线被用来确定需要调查的取样点数量。这个过程需要记录在每个新样点采集到的新植物有害生物的数量，然后对其物种累积的数量作图——X轴表示采样点的数量，Y轴表示有害生物的数量（图4）。检测到新物种的数量会随着调查样点数量的增加而下降。

然后，将一条最适合的曲线添加到数据点上。假如说，连续调查5个样点后，曲线变平，即当每新增一个取样点而没有增加或增加很少新种时，调查可以视为完成。

如果有理由怀疑取样地点之间的有害生物名录不同，例如，存在不同的气候类型，这一操作就需要在不同的生产地区重复进行。

物种累积曲线还能用来绘制某个地点有害生物发生随时间的变化动态图，此时Y轴表示新增有害生物的数量，而X轴表示时间间隔。当植物有害生物在某个寄主上呈现季节性分布时，可以绘制此图。

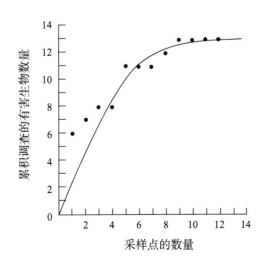

图4. 物种累积曲线；被发现物种的累积数量与采样点数量的关系

3.1.5. 寄主名录和有害生物记录

如果贸易伙伴怀疑有害生物会对部分作物或者本地植物构成威胁，那么寄主名录对他们而言就很重要。如果多个寄主植物彼此在邻近的地点生长，那么寄主名录在植物有害生物治理上也很有用。在某些情况下，转主寄主，如生长在田边的杂草，能够在寄主作物生长期之间为有害生物的生存提供生态位。

植物有害生物记录能够作为制定某种有害生物寄主名录的基础。为了使有害生物名录在制定寄主名录时也有用，它必须包括寄主的相关信息，并可以在此基础上检索。很明显，包含在一个可检索的数据库中的有害生物记录会加速这个过程。

在大多数情况下，开展一项特定调查来制定某植物有害生物的寄主名录是相当困难的工作，因为需要调查大量的植物来确定该有害生物与哪些植物互作。植物的调查可以仅限于作物，但这就不能提供杂草和一些原生的转主寄主的信息。因此，寄主名录的制定通常需要进行基于文献和其他有害生物记录的全面调查。

3.1.6. 有害生物记录数据库

目前已经建立了一些地区的有害生物记录数据库。

· 由SPC针对22个太平洋岛国和地区制定的太平洋植物有害生物名录数据库，该数据库只在内部使用，以促进贸易和加强有害生物的治理。
· 由CABI制定的CABI作物保护大全检索系统，该系统可以从CABI的官网上购买，网址是www.cabicompendium.org/cpc。

3.1.7. 已公布的有害生物名录

NPPOs可能拥有已公布的植物有害生物名录的大部分信息，可以在他们的网站上搜索。以下列举的是对公众免费开放的信息来源。

· Anon. 2000. List of potential plant pests already reported in Indonesia. Ministry of Agriculture, Centre for Agriculture Quarantine.
· Waterhouse, D.F. 1993. The major arthropod pests and weeds of agriculture in Southeast Asia. Canberra, Australia, ACIAR. This is provided free to developing countries.
· Waterhouse, D.F. 1997. The major invertebrate pests and weeds of agriculture and plantation forestry in the southern and western Pacific. Canberra, Australia, ACIAR. This is provided free to developing countries.

· Henty, E.C. and Pritchard, G.H. 1988. Weeds of New Guinea and their control, 4th ed. Lae, Papua New Guinea, Department of Forests, Botany Bulletin No. 7.
· Li Li-ying, Wang Ren and Waterhouse, D.F. 1997. The distribution and importance of arthropod pests and weeds of agriculture and forestry plantations in southern China. Canberra, Australia, ACIAR. This is provided free to developing countries.

3.2. 确定植物有害生物非疫区、无植物有害生物生产地区和生产地点的检测调查

3.2.1. 植物有害生物非疫区

植物有害生物非疫区（PFA）是适用于某个未发现有害生物的任何大小区域的术语，该术语在贸易谈判和保持国际市场准入时使用。

ISPM对它的定义是：

> 有科学证据证明没有发生某种植物有害生物的某个区域，且该区域的这种状况在得到正式地维护。

该定义指出，贸易出口国要负责科学地阐明某区域没有发生某种植物有害生物，卫生与植物检疫措施协定第6款申明，任何进口国家都有权利要求出口方出示以上证据。

植物有害生物非疫区的好处是

> 在满足某些特定的要求需要时，它能够使得植物、植物产品和其他受控物品顺利出口，而不需要进行额外的植物检疫申请。
>
> ISPM 4

3.2.2. 无植物有害生物生产地区和生产地点

对于某个区域，如果不能满足整个区域不发生植物有害生物，该区域内部的某些生产地区和生产地点仍可以满足无植物有害生物，这些生产地区和生产地点就可以作为风险管理的备选方案，以满足植物检疫的要求。本书中使用的术语是无植物有害生物的生产地区（PFPP）和生产地点（PFPS），PFPS位于PFPP内部。

> 无植物有害生物生产地区的概念适用于任何可作为单个生产单位经营的生产经营场所和田地的集合，生产者对所辖的整个生产地区按照要求实施管理。
>
> 在某个生产地区内，如果有明确的一部分地点可以作为一个独立的单元进行管理，那么就有可能使这个地点不受有害生物的侵袭。在这种情况下，就认为该生产地区中包含一个无植物有害生物的生产地点。
>
> ISPM 10

这个标准使用"无植物有害生物"的概念，要求出口国家向进口国家提供保证，确保出口的植物、植物产品和其他受控物品中没有某种或某些植物有害生物；当从无植物有害生物生产地区出口产品时，能够满足进口国家植物检疫的要求。在将明确的部分生产地区作为一个独立的单元管理并能保持没有有害生物的情况下，就可以被视为无植物有害生物生产地点。

必要时，无植物有害生物生产地区和生产地点还包括建立和维护适当的缓冲区。

ISPM 10

明确定义PFPP的其他好处是，如果在某个PFA内有一系列的PFPPs且检测到植物有害生物，那么大部分或者所有的PFPPs都能维持它们的无植物有害生物地位。不过，进口国家可能需要核查它们的无有害生物地位。

在出口国家选择无有害生物生产地区或有害生物非疫区作为治理选项将取决于关注的有害生物的实际分布、有害生物的特性和管理考虑。两种系统都能够提供足够的植物检疫保证：有害生物非疫区的主要保证取决于在覆盖许多生产地区中实施的一般措施；无植物有害生物生产地区的主要保证在于其范围内专门、强化实施的治理程序、调查和监测。

ISPM 10

3.2.3. 调查在确定PFAs、PFPPs和PFPSs中的作用

如下面所陈述的，调查只是建立和维持无植物有害生物地位过程中的一部分。

PFA建立及随后维护过程中考虑的三个主要要素或阶段：
· 建立无有害生物的体系
· 维持无有害生物地位的植物检疫措施
· 检查确认无有害生物地位得到维护。

实现这三个要素可以采用的方法：
· 数据组装
· 调查（定界、检测、监测）
· 法规控制
· 审核（复核和评估）
· 记录（报告、工作计划）。

ISPM 4

调查的结果并不是建立一个植物有害生物非疫区地位的唯一决定因素，调查者还必须有一个系统的方法，即植物有害生物综合治理体系（见ISPM 14）。专题10（97页）提供的例子中进口国家对出口国家提出的条件，勾勒出在需要维持无植物有害生物地位的体系中各要素的类型。

在本章开始时，我们规定了特定调查中三种调查类型的定义，依照定义，如果调查到的有害生物是预期不存在的，那么所有的调查类型最终都属于检测调查的范畴。ISPM 4指出，用于建立无植物有害生物地位的调查，可能包括定界调查和监测调查。当检测到某种有害生物时，这两种调查就很有必要。定界调查可以用于确定有害生物侵入的范围，而监测调查则可以确定其种群的变化，例如，在铲除计划实施期间。一旦有害生物在某个地区中被彻底铲除，调查又恢复为检测调查，但这并不意味着无植物有害生物的地位将会自动恢复，因为可能会有一些规定，如该区域必须在两年内没有出现新的有害生物，此时该区域的地位才能恢复。

一旦建立无植物有害生物地位，调查还可以用于划定该区域的界限（见第六和第七章中关于定界调查和监测调查的内容），本节将只讨论认为某个地区或地点没有出现某种有害生物情况下的调查。

3.2.4. 设计调查建立PFA、PFPP和PFPS

有一些制定好的标准用于特定有害生物的监控，但是这些标准大部分由北美植物保护组织针对本地区而制定。这些标准针对柑橘溃疡病、实蝇和粒腥黑穗病。专题9中给出了关于它们的更多信息。对植物有害生物非疫区和无植物有害生物生产地区，人们还制定了许多双边协定。一个国家所提出的应用可能成为其他新的应用的基础。

对于其他调查而言，设计将包含第二和第四章中介绍的所有步骤，记住，进口国家需要认可任何使用的调查方案，进口国家还可能审查植物有害生物非疫区地位的维护情况，以确认该地区的确不存在该有害生物。

专题 9. 特定植物有害生物标准

柑橘溃疡病

针对柑橘溃疡病有一份ISPM草案，即监控特定植物有害生物的准则：柑橘溃疡病（*Xanthomonas axonopodis* pv. *citri*）（2002 CEPM标准草案）。这份标准草案针对柑橘溃疡病的发生与否介绍了一种特定的调查计划（例如，在植物有害生物非疫区的建立与维护中）。

实蝇

· RSPM草案No. 3，建立和维护实蝇非疫区的标准。亚太地区植物保护委员会（APPPC）[12]。
· RSPM草案No. 4，瓜果蔬菜非实蝇寄主身份确认的准则。亚太地区植物保护委员会（APPPC）[12]。
· RSPM No. 10：检疫性实蝇监控（在受害地区中的部分地点执行）。该标准提出监控要求，以在受害区域中证实及永久维护无实蝇发生地区。北美植物保护组织（NAPPO）。
· RSPM No. 17：在北美地区建立、维护和核实实蝇非疫区的准则。该标准概述在北美建立、维护和证实无实蝇区域的步骤，还提供了实蝇引进和建立风险的管理措施、监测实蝇的标准、检疫措施和紧急处理预案。北美植物保护组织（NAPPO）。

粒腥黑穗病

RSPM No. 13：在北美地区建立、维护和核实粒腥黑穗病非疫区的准则。该标准提供了建立、维护和确认粒腥黑穗病非疫区的指南，并适用于小麦、小黑麦及其他寄主作物和受控物品的种子和谷粒。北美植物保护组织（NAPPO）。

---

12 在本指南出版时，APPPC成员国尚未完成该标准。

3.2.5. 无植物有害生物调查设计步骤

将这些增加的信息与第二和第七章中介绍的步骤结合应用。

第1~2步

按照第二章中的第1步和第2步执行，详述调查的题目和理由。在第2步中，包括调查必须满足的条件，以获得临时的无植物有害生物地位，例如，在寄主植物的两个生活史内都未检测到有害生物。

第3步

完成这一步。当申请PFPP和PFPS时，植物有害生物的基本特点应包括：
· 传播速度慢、距离短
· 有害生物经人为传播的机会很小
· 寄主范围有限
· 在季节间存活率低
· 繁殖能力低或中等
· 容易检测
· 有有效的实际控制方案。

第4步

需要提供寄主植物的更多信息，甚至比其他调查中详述的还要多。实质上，寄主就是考虑要出口的商品，例如，混有杂草种子的粮食不是杂草种子的"寄主"，可以提供粮食作物的信息。你可能已在植物有害生物部分的第3步中详细描述了杂草种子。

在下列方面提供有害生物非疫区寄主植物分布地点和范围：
· 商业生产区
· 家庭花园
· 城市绿化地带
· 未耕作地区，包括杂草、本地物种和一些从栽培中逃逸的寄主植物。
    制作具有以下方面的寄主分布地图可能有用：
· 地理特征（如山脉延伸的范围和水路）
· 公路和铁路
· 城市和城镇
· 管辖的地区边界
· 土地使用类型（工业生产用地、住宅地、耕作用地和公共开放地）
· 单个寄主、寄主类型和寄主密度。
    地图上的区域可以根据地理、气候、土地利用或可进入性的差异划分成一些亚区域。

第5步

此步骤也许不适用，但必要时可以包括。

第6步

完成该步骤。

第7步

对这些调查来说，该地区就成为推荐的PFA、PFPP或者PFPS了。

> "植物有害生物非疫区（PFA）"是指：有科学的证据表明，某种特定的植物有害生物在某个区域没有发生，同时在适当的情况下，这种状态得到正式地维护。
>
> ISPM 4

你仍需提供诸如该区域在哪个国家的什么地区的详情，该区域的边界也要界定清楚，其边界可能还包括行政边界线（例如，国家的、州或者省的、郡或者县的、邮寄地址）、自然特征（如河流、公路、山川）和地理坐标。

PFPP和PFPS：如果存在缓冲区，应该由NPPO来确定其面积大小。

第8~9步

完成这两步。PFPP和PFPS：无植物有害生物生产地区和生产地点的特点如下。

· 单一的财产所有权
· 有明确的边界，包括所有的缓冲区域
· 与有害生物的侵袭有足够的隔离
· 在边界内，包括缓冲区域内没有其他寄主。

第10步

这一步不适用于对PFPP和PFPS的调查，因为调查地点已经被确定了。

对PFA身份的调查而言，将需要选择一种选取样点的方法。适用于选择样点的方法不多。需要收集得到全面的数据，以便计算出调查结果的置信度。例如，驱车调查得到的数据就不能用于统计检验。

合适的抽样方法包括：

· 完全抽样
· 随机抽样
· 分层随机抽样
· 系统抽样
· 飞行昆虫的诱捕。

第11步

此步骤适合所有用途，因为在PFPPs和PFPSs内，产品和产品处理过程中的其他物品都需要进行抽样调查，检查它们是否被有害生物污染。

第12步

完成此步。明确为了维护PFA身份，调查要多久开展一次，每次要进行多长时间。在一年中或者寄主的生活史内需要定期开展调查。调查的频率应该根据调查地点遭受风险的程度而定。例如，低风险生产地点每年调查两次，而高风险生产点每年至少四次。

PFPP和PFPS：根据情况，在产品开始出口之前，进口方可能要求证实出口方的植物有害生物非疫区身份保持了一年或者几年，或者干脆从出口那年起一直保持。

缓冲区：

"在一个或者多个生长季节内，应该进行适当频率的监测调查。"

ISPM 4

第13步

完成此步。PFPP和PFPS：在生产地点，可能"被要求"对收获的产品进行调查。

第14步

此步骤仅适用于PFPPs和PFAs，当发现植物有害生物需要采集其样本时。

第15步

完成此步。

第16步

完成此步。PFPP和PFPS：NPPO负责调查、检查和任何其他需要证实有害生物身份的系统。调查由NPPO人事部门或者经过NPPO授权的人执行。

NPPO必须保证生产方的管理、技术和操作技能，以防止有害生物进入生产地区和生产地点，以及如果检测到有害生物时，他们对有害生物的治理能力。

NPPO在必要时对生产方进行有害生物治理体系方面的培训。

NPPO还负责检查进口国家的法规，协助生产方建立满足进口方要求的条件。

第17~21步

完成这几步。

3.2.6. PFA地位案例研究举例

在第八章中介绍了以下几个案例。

· 案例 E: 储存谷物害虫谷斑皮蠹的PFA地位调查
· 案例 F: 澳大利亚昆士兰实蝇和地中海实蝇的PFA地位调查
· 案例 G: 菟丝子的PFA地位调查
· 案例 H: 芒果果肉象甲和芒果果核象甲的PFA地位调查。

3.2.7. PFA的其他步骤

还需要详述如果发现植物有害生物后将做些什么，以及在一个植物有害生物非疫区状况得到恢复之前将可能有哪些要求。

如果实施彻底铲除，植物有害生物非疫区的状况只有在满足以下两点后才能开始进行恢复：

· 植物有害生物非疫区地位的临时标准，其制定可以根据寄主的生活史（如在寄主的两个生活史内没有发现有害生物）
· 取消有害生物控制措施，因为措施的实施阻止了有害生物的繁殖和/或其检测。

3.2.8. PFPP和PFPS的其他步骤

核实阶段需要在整个出口过程中给商品做好标签，以便进口方依此往回追踪无植物有害生物生产地区或者生产地点，也可向前查找到销售点。如果检测到有害生物并且在系统中传递，标签就至关重要了，因为它使得有害生物扩散的范围通过定界调查得到确定，同时还可以增加控制和铲除的机会。

3.3. 早期检测调查

针对某个地区新的或再次出现的有害生物的早期检测设计的调查，可以用比获得PFA状态所需要的调查更为直接的设计。除非有必要完成所有的步骤，早期调查设计只需要依照第二章和第七章中列出的步骤即可。

所有早期检测调查要考虑的特有步骤都在第二章和第七章中进行了介绍。

3.3.1. 早期检测的案例

在第八章中介绍了以下几个案例。

· 案例 B：NAQS和SPC针对植物病原设计的寄主名录和早期检测的调查
· 案例 C：桃花心木和雪松枝干钻蛀性害虫为害状况和早期检测的调查

专题 10. 进口国对出口国提出的条件举例：以摩洛哥和西撒哈拉向美国出口番茄为例

在以下条件下，粉果番茄可以由摩洛哥和西撒哈拉出口到美国[13]。

· 番茄必须在摩洛哥的贾迪达省（El Jadida）或者萨菲省（Safi）及西撒哈拉的 Dahkla省的防虫温室中种植，温室应由摩洛哥农业部植物保护部门检测和执行处（DPVCTRF）注册登记和检查。

· 由摩洛哥和西撒哈拉运番茄到美国的时间只限在12月1号至翌年4月30号之间（包括）。

· 装运季节前两个月起，一直到装运季节结束，DPVCTRF必须在温室中安置和维护地中海实蝇（Medfly）的诱集装置，以trimedlure为引诱剂，每公顷安置4个诱集装置。在摩洛哥，还需要在注册温室外2km的半径范围内，按每平方千米4个诱集装置来设置。在西撒哈拉，在每个注册温室外紧挨温室处放置一个诱集装置。在摩洛哥和西撒哈拉安置的所有装置都需要每7天检查一次。

· DPVCTRF必须维护对诱集装置、检查和捕获到的地中海实蝇的记录，并使这些记录在美方提出要求时提供给美国农业部动植物检验局（APHIS, USDA）。

· 只要在注册温室中发现1头地中海实蝇，就立刻取消该温室的番茄出口，直到确定了地中海实蝇的来源，将其彻底铲除并采取有效措施以杜绝任何以后的侵袭。若在某个注册温室200m范围内发现了1头地中海实蝇，那么就有必要增加诱集装置的数量，以确定该地区是否存在一个地中海实蝇的繁殖种群，在诱集到地中海实蝇的诱集装置的200m范围内，另外安装6个诱集装置。若一个月内在某注册温室200m内发现了2头地中海实蝇，那么就有必要在该地区喷洒马拉松饵（malathion bait），在60天内每7~10天喷洒一次，以确保铲除害虫。

· 番茄收获后必须在24小时之内包装完毕，并且包装时番茄已为粉红色。番茄在运往包装工厂的过程中和等待包装时，必须用防虫网袋或者塑料防水膜遮盖保护。在运往机场和美国的过程中，也必须用防虫纸板箱或者防虫网袋或者塑料防水膜包装好。在运抵美国时，这些包装必须完整。

13　US 7CFR319 Subpart—Fruits and Vegetables, Sec. 319.56-2dd。

· 每个装番茄的集装箱都必须贴有植物检疫证书，并声明"这些番茄种植在摩洛哥 El Jadida省或者萨菲省的注册温室中，包装时番茄已呈粉红色"，或者注明"这些番茄种植在西撒哈拉Dahkla省的注册温室中，包装时番茄已呈粉红色"。

· 案例I: 北领地土著部落食用植物的虫害调查
· 案例J: 甘蔗黑穗病的早期检测调查
· 案例K: 水稻假单胞菌调查
· 案例L~R中的设计属于监测调查，用作早期检测调查。

3.4. 参考文献

Vernon, R. 2003. The Pacific Pest List Database for agricultural trade facilitation. Bulletin OEPP/EPPO Bulletin, 33, 501–504.

ISPM No. 4: Requirements for the establishment of pest free areas. Rome, FAO, 1996.

ISPM No. 10: Requirements for the establishment of pest free places of production and pest free production sites. Rome, FAO, 1999.

第四章

监测调查

ISPM 5对监测调查的定义是：

确定一个植物有害生物种群特点的持续调查。

根据这个定义，监测调查应用的前提是某个有害生物已经出现在某个地区，监测调查则针对该有害生物种群的流行及流行率随时间的变化而设计。监测调查可以用于协助有害生物的治理。

国际植物保护公约（IPPC）最近推出了一个全新的概念，使在某有害生物低度流行区域内，或在具有某有害生物低度流行的区域之间实现贸易成为可能。加强有害生物低度流行区市场准入的调查都属于监测调查的范畴。

4.1. 支持作物和森林有害生物治理

人们可能需要调查出现在某种作物上或某个地区的有害生物的原因是：
· 为了通过计算流行率来确定田间治理的最佳时机
· 为了评估某个靶标地点铲除措施的效果（如有害生物侵染的范围），这和定界调查有些重复（见第五章）。定界调查是要确定某种有害生物侵染的边界，监控调查可以用于确定有害生物的种群在边界内部是否发生了变化。

4.1.1. 植物有害生物治理调查的设计步骤

调查设计依照第二章和第七章中的第1步到第21步的所有步骤进行。

4.1.2. 案例举例

监测调查的案例举例见第八章。
· 案例 L: 桉树和柚子树上巨大木蠹蛾的监测调查
· 案例 M: 园林苗圃猝倒病的监测调查

· 案例 N: 阔叶林中根腐病的监测调查
· 案例 O: 一个种植园中由某种叶部病害引起的落叶症的监测调查
· 案例 P: 估计树木蛀干害虫发生情况的调查
· 案例 Q: 松树种植园的监测调查
· 案例 R: 十字花科植物上的蚜虫
· 案例 S: 抗磷化氢储粮害虫的监测调查

4.2. 维持有害生物低度流行区的状态

有害生物低度流行区（ALPP），是IPPC在农业贸易国际标准中使用的一种官方术语。最近制定了一份关于ALPPs的ISPM草案，即Draft ISPM May 2004：建立、维护和验证植物有害生物低度流行区的必要条件。

ALPP的定义为：

不论其是某个国家所有或部分的地区，或者几个国家所有或部分的区域，被主管当局确定为某种特定有害生物发生水平很低，并正受到有效的监控、防治或正采取铲除措施的某个地区。

ALPP和植物有害生物非疫区（PFA）的区别：

ALPP和PFA的主要差别在于ALPP允许某种有害生物的种群数量低于一定的阈值，而在PFA中不存在该有害生物。

这意味着，在某些情况下，可以允许进口商品上有少量的有害生物，可以采取植物检疫措施，对其从播种到销售进行治理，使其数量达到进口国可以接受的程度。

4.2.1. ALPP调查设计的步骤

将这些补充的信息应用到第二章和第七章的步骤之中。因为这份草拟的指南逐一列出了要增加到应用中的其他细节，其中包含昆虫的相关信息。同时，读者可以参见专题11（第102页），里面介绍了这方面补充的特定信息。理想的情况下，只要遵循步骤，这些细节就都已经包含在里面了。

第1~6步

完成这些步骤。

第7步

NPPO应该用显示地区边界的支持性地图来描述提出的ALPP。描述同时还应该包括生产地区、离商品化生产地区较近的寄主植物，以及可能隔离该地区的自然屏障和缓冲区。

第8~9步

完成这些步骤。

第10步

受调查的地点应该覆盖商业生产和非商业生产地区，以及野外的寄主。

第11步

完成这些步骤。

第12步

至少在申请ALPP的前一年，提供关于植物有害生物检测、植物检疫程序及监控调查结果的技术报告。要提供尽可能多年份的数据。根据有害生物的生物学特性、繁殖潜力和寄主植物的范围，一年的数据可能是不充分的。

第13步

ALPP所在地的NPPO应规定特定有害生物允许存在的阈值水平。

第14步

完成该步。

第15步

作为显示有效植物检疫程序的一部分，还需要坚持对抽样和截获样本的鉴定做好记录。

第16~21步

完成这些步骤。

4.2.2. ALPP的其他步骤

如果曾经采取措施对有害生物进行铲除，在恢复ALPP地位之前，必须遵从以下几点：
· 根据有害生物的生活史制定植物有害生物低度流行区的标准（例如，在有害生物的两个生活史中，没有发现该有害生物）
· 取消有害生物的防治措施，因为它们阻止了有害生物的繁殖及/或对其检测。

专题 11 . ISPM草案附录1. 建立一些害虫的 ALPP所要求的要素

以下列举的一些要素清单可以帮助我们决定某个ALPP。

1. 被提名的ALPP的地理描述
- 地图
- 生产地点
- 自然屏障
- 缓冲区
- 面积
- 控制检查点的位置。

2. 建立和维持ALPP的监控方案
- 植物有害生物
- 监控的时间周期
- 报告监控的结果
- 诱捕
- 诱捕的类型
- 诱饵的类型

- 诱捕器的密度
- 诱捕器检查和维护的间隔期
- 目测监测
- 寄主或农产品抽样
- 取样间隔期。

3. 监控的质量管理方案
- 监控行动的有效性
- 诱捕
- 目视监测
- 诱饵功效的确认
- 有害生物的安置和回收
- 监测报告的定期回顾
- 检查诱捕器的放置和维护
- 鉴定人资格的认定。

4.2.3. 案例举例

下面摘录的是澳大利亚从菲律宾一个具有马可病的低度流行区进口香蕉的风险分析。

来自菲律宾的香蕉如果产自经澳大利亚有关部门审批的种植地点，该地可以证明香蕉马可病的流行低于澳大利亚认为可以接受的水平，则可以批准进入。在经批准的ALPP中马可病的最低流行水平是，每周每公顷不超过0.003个案例（侵染的簇），这大约为每年每7hm²发现 1 例马可病，也即每年每11 900簇香蕉中不能超过1个被侵染的簇。在准备出口到澳大利亚的香蕉收获之前至少两年的时间内，进口方必须每周进行调查，以确定满足以上标准。如果马可病的流行超过了规定的低度流行区的水平，受影响的地区应该停止进口香蕉至少两年。

参考文献

Revised draft import risk analysis (IRA). Report for the importation of bananas from the Philippines. Department of Agriculture, Fisheries and Forestry, Australia, Plant Biosecurity Policy Memorandum 2004/19, 16 June 2004.

第五章

定界调查

5.1. 定界调查的不同之处

国际植物检疫措施标准（ISPM 6）中关于定界调查是这样定义的：

……对一个被认为已经受到某有害生物的侵害或该有害生物不存在的地区进行定界的调查。

定界调查的实施通常是为了划定某个受有害生物侵害地区的界限，很少用于植物有害生物非疫区的确定。

在本指南中，定界调查和其他调查最主要的区别在于靶标地点的选择。最初的检测地点可以用作决定植物有害生物如何传入、何处为来源及可能已传播地点的起始点。确定有害生物可能的已传播地点将决定调查和有害生物治理资源投入的方向。

5.2. 反向追踪和正向追踪调查技术

由于第一次发现某种植物有害生物的地点有可能不是它最初侵入的地点，调查者就采用定界调查鉴定它最初的来源。从发现地点反向追踪，找到有害生物最初来源的过程就称为"反向追踪调查"（trace-back）；而从发现地点正向追踪，确定有害生物可能的传播地点的过程则称为"正向追踪调查"（trace-forward）。如果反向追踪调查能够成功地鉴定出被引入有害生物可能的最初侵入地点，正向追踪调查将会有助于确定有害生物已侵入并需要进行调查的区域。定界调查的结果通常会对植物检疫和贸易产生影响，还可能会导致铲除有害生物措施的实施。定界调查的结果可以为在受侵害地区周围建立植物检疫区提供依据，还可以帮助决定是否可能进行铲除。

5.3. 定界调查在植物生物安全方案中的作用

考虑到定界调查的目的通常是明确某种外来有害生物发生的地点，而不是发现某个植物有害生物非疫区，植物健康当局可能针对外来有害生物制定一般的调查计划，将它作为入侵响应方案中的一部分，这些计划被称为生物安全[14]计划。

生物安全计划是一项战略任务，它根据有害生物在某个可能影响一个产业的敏感地区被引进和定殖的可能性，鉴定其为害并分级。生物安全计划可能的战略包括：阻止具有损害产业利益潜力及产业贸易前景的外来有害生物的传入。生物安全计划通常提出植物健康当局可以采纳的预先措施，以降低有害生物在传入和定殖于一个新的地区时所带来的影响。当局将如何对某种新有害生物的侵入做出反应，通过这些计划得以体现。例如，一旦检测到某种有害生物，当局将采取怎样的铲除措施及是否下达定界调查的指令。因此，在进行某种外来有害生物的定界调查之时，被侵染地区的铲除和消毒等其他措施通常也同时进行。

5.4. 定界调查由谁执行？

定界调查通常由某个管理机构承担，一般是NPPO。然而，在法律允许的范围内，其他机构也享有操作和管理的权利。例如，在澳大利亚，植物健康由州政府负责，而针对外来有害生物入侵的管理行动则通常由国家农业部负责。

在检测到一种新有害生物入侵的初期，负责定界调查的管理机构将会指派相应的计划和后勤管理人员，他们的职责包括：

· 设计并执行定界调查
· 申请立法授予进入生产经营场所进行定界调查的权利和采取其他措施来控制有害生物
· 确保在定界调查期间采用行之有效的卫生和植物检疫措施
· 坚持记录。

对管理当局而言，能够进入需要调查的地点是很重要的。为了达到这个目的，当局需要有适当的法律保证他们的工作人员进入这些地点，并且在必要时，对农产品、定殖苗、农用机械的活动和其他任何可能传播有害生物的手段进行检疫。

---

14 生物安全（biosecurity）这个术语出现于1993年新西兰《生物安全法》的前言中，该法案寻求"重申和改进与排除或铲除并有效治理外来有害生物和不受欢迎的生物相关的法律"。该法律并没有对生物安全进行定义，但是Penman在1998年将其定义为"通过某种系统对风险进行有效管理，该系统可以协调入境前、边境、管理和部门的响应，目的是阻止那些可能对经济、环境和人类健康产生不利影响的生物体的定殖和传播"。

计划和后勤管理人员需要技术专家的协助，以鉴定难以识别的有害生物，或确认野外工作者的初步诊断。技术专家还在有害生物的生物学特性，特别是在它们传播方式的咨询中起重要作用。

5.5. 调查设计

在没有制定生物安全或者有害生物入侵计划时，按第二章和第七章中描述的步骤及以下补充的步骤和调整进行。

第1~2步

完成这两步。

第3步

需要知道关于某种有害生物尽可能多的生物学知识，以实现识别所有可能被侵染的地点。研究有害生物的流行学、生存方式、繁殖率、寿命和环境因素的影响。

估计在检测到它们之前，有害生物在发现地点可能已存在了多长时间。如果早期没有被检测到，某些不迁徙或活动缓慢的有害生物也会传播一定的距离，有些有害生物可能几年都检测不到。

需要像下一页中的专题 12 讨论的那样，仔细考虑植物有害生物是如何传播的。

第4~5步

在完成这两步时，需要鉴别所有已知的寄主，尤其是那些离检测地点很近的寄主，明确它们的所在地。可以制定具有不同来源的含有寄主植物特性和分布地点的名录，其来源包括产业和政府记录、全体人员、当地种植者和合作社、产品包装者和经销商、推广人员、研究人员和地权所有人。如果可能，航空照片同样也可以用来鉴别寄主植物种群密集的地区，如生产地区。对于栽培寄主植物而言，如果知道以上信息，就可以确定最敏感的品种。

考虑所有的转主寄主以及残余的森林、公园用地、花园和离检测地点很近的其他地区的当地植物区系的易感性。记住，抗性寄主上的症状很可能被掩盖或者不明显。病毒可能潜伏在某些栽培品系之中，其寄主只有在作为对某种特定环境条件的反应或发生混合侵染时，才表现症状。

第6步

完成该步骤，在任何生物安全和有害生物入侵计划中优先考虑。

专题 12. 有害生物的人为和自然传播

人为传播

调查管理人员首先要做的是确定有害生物从商用苗圃或种子供应商的包装仓库和定殖苗木随产品一起传播的可能性。这些产品具有将某种外来植物有害生物迅速传播到很远的地方和很多地点的潜力。大宗产品和定殖苗木抵达的直接目的地会有文件记录，但零售的产品却不容易追踪。

同时还要考虑以下问题：

· 有害生物有可能已被工人及其工具携带到其他地方（包括他们的家中）了吗？

· 收获机械设备是否在几个地方共用？

· 包装箱和其他包装材料是否重复使用？

· 哪些车辆可能接触过有害生物，它们都去过哪些地方？

· 农业废弃物，如粪肥，是如何处理的？

· 受侵染的农产品或者植物材料进入市场了吗？

自然传播

考虑以下几个问题：

· 植物有害生物是通过风雨传播的吗？

· 某个地区主风向是什么，近期以来的天气条件如何？

· 有害生物可以经由水路、灌溉沟渠或者洪水传播吗？

· 根据最近的天气条件、有害生物的发育阶段、飞行和生存特点，它们经由自然方式传播的最远距离可能是多少？

· 有害生物传播的媒介是昆虫、螨虫、真菌、线虫，还是其他生物？

· 传播媒介是否在该地区出现，如果出现，它们的密度是多少？

· 传播媒介传播有害生物的效率有多高？有害生物会在媒介体内增殖吗？

· 与已知传播媒介亲缘关系很近的当地种也可以传播该有害生物吗？

· 掉在地上的烂果中藏有有害生物吗？

· 杂草和寄生植物的种子可以经由鸟类传播吗？

· 有什么地理特征可以限制某种有害生物传播的方向吗，如海岸边界？

第7~9步

确定某个发生地点很大程度上依据植物有害生物的特点和传播及寄主的特点和分布（第3~5步）。发生地点需要包括受侵染寄主材料的具体分布点，例如，受感染寄主材料可能已进入市场的农产品或者根茎。

可能需要制定一份问卷。请阅读专题13"利用问卷鉴别调查地点"（第108页）中就包含了设计这种问卷的信息。

这样，调查可能需要包括某个区域、地区或场所的所有生产场所，调查的靶标是果园、苗圃、自然植被区、住宅区、公共和商业不动产的所有易感染物种。

第10步

这里的调查设计仅仅是定界调查，其具体操作在这些步骤中有详细介绍。

第11步

虽然统计上不要求计算需要多少个取样点，但是可能必须选择一种在统计学上有意义的抽样体系，如网格状诱捕。检查若干被认为植物有害生物不可能出现的地方，或者抽样点之间的区域，如路边的杂草，将结果作为随机成分加入统计之中。

第12步

不采用，因为时间已经由首次检测到植物有害生物的日期及计划和组织一个调查的速度所决定。

第13~14步

采集的有害生物标本必须根据ISPM 8进行详细记录，并将标本提交到一个官方收藏机构进行确认鉴定，并提供有害生物记录，详见第三章。

第15~16步

完成这两步。

第17步

尽管NPPO有适当的法律授权进入植物有害生物调查地点，但可能仍需要接近老百姓以获得进入像居民花园或农场这样的调查地点的通路。

第18步

不可能有足够的时间实施预备调查，除非在实际上检测到目标有害生物前已经制定好并实施了预备调查计划。

第19步

完成调查。

专题 13. 利用问卷鉴别调查地点

定界调查的一个重要组成部分是反向追踪和正向追踪分析，以确定植物有害生物暴发的来源，并鉴别由于邻近或通过被感染的植物材料或果实，或通过共用员工和设备与受感染庄园接触而面临发生的其他生产经营场所。

和业主面对面交流或者进行问卷调查是确定寄主是否存在于某个地方的有用方式。问卷调查可用于了解生产细节、寄主出现庄园的所有权，还可以收集反向追踪和正向追踪调查结果的初步信息，包括植物材料的来源、设备和员工的行动及传播情况。这些信息将有助于制定每个庄园的风险简述。

详见第2章中的步骤4。

在怀疑种子和其他形式的植物材料为植物有害生物来源时，问卷在反向追踪和正向追踪调查中尤其适用，特别是在能够证实该有害生物的任何报道案例的情况下。当植物有害生物是靠气流传播和迁飞传入时，问卷可能就不太适用于反向追踪和正向追踪调查。

在新的有害生物与购买的种子或植物材料有关的地方，去找供销商，并重复问卷调查，以找到植物材料的最初来源，确定植物材料及其携带的有害生物可能已分布的地点。同一套问卷适用于可以提供答案的农民、种子供应商以及苗圃所有人。

设计调查问卷

问卷中的问题是为了发现：

· 植物材料的来源
· 可能已经从庄园送出的植物和植物产品的目的地，假设是某个农场、果园或者苗圃
· 共用设备或在收获水果和蔬菜时雇佣在农庄间流动的工人的农庄位置
· 检测到植物有害生物的农民所拥有的邻近的农田或农庄
· 商业养蜂人的活动（如果适用的话）
· 可能到过庄园的其他访客的活动
· 可能有利于植物有害生物种群建立和传播的气候条件及天气事件

- 询问旅行中的人们，特别是国际游客，因为他们可能带回了有害生物。有间接证据的报道表明，某些锈病、黑穗病和麦角病可能由回归的游客衣物被带进新的地区。

如果问卷调查的结果要被录入某个数据库或者其他的电脑程序之中，节省大量的时间的简单方式是设计自己的问卷和数据库，使它们和设计布局相匹配。这样就会加快将数据输入存储系统的速度，见第二章步骤15。

一旦得到经过问卷调查和与工人、业主等面对面交流的结果，这些结果就被用来确定其他必须调查的地点和位置。

第20步

由于调查的目的是确定有害生物传播的地点，制定一份有关它们分布的地图是很有用的。

第21步

完成此步。

5.6. 定界调查研究案例

以下案例详见第八章。
- 案例T：番木瓜环斑病毒病的定界调查
- 案例U：巴布亚新几内亚柑橘黄龙病及其媒介亚洲柑橘木虱的定界调查
- 案例V：昆士兰北部红带芒果毛虫的定界调查
- 案例W：南太平洋库克群岛中的拉罗汤加岛屿上昆士兰实蝇的定界调查。

参考文献

Penman, D.R. 1998. Managing a leaky border: towards a biosecurity research strategy. Wellington, New Zealand, Ministry of Research, Science and Technology, 61p.

第六章

一般监控

ISPM 6简要地概括了在"一般监控"这一术语下要求些什么。这些要求分成两类。第一类是收集植物有害生物的信息，第二类是促成NPPOs和其他了解植物有害生物信息的人之间畅通的交流。

6.1. 收集某种有害生物的信息

ISPM 6 首先提到收集某种植物有害生物信息的过程，该过程详见第二章步骤 3（见2.4.1）。ISPM 6随后要求编辑和确认从不同来源收集到的信息。信息应同时被存储并可获取。对植物有害生物信息来源的核实同样在第二章步骤3进行了概括（见2.4.2）。

ISPM指出，关于植物有害生物的信息可以被用来：

- 证实NPPO无植物有害生物的声明
- 协助新有害生物的早期检测
- 报告给诸如RPPOs和FAO的其他组织
- 编制寄主和农产品的植物有害生物名录及其分布记录。

换句话说，收集到的信息可以用作第二章中描述的特定调查设计的一部分，或者，这些信息本身就足以制定某个地区植物有害生物发生状况的报告，用于其他目的。如果这些编辑的信息不足以用于其他目的，那么就要开展特定调查，以提供更多关于植物有害生物的信息。

当制定靶标有害生物名录时，编辑有害生物信息的过程也同样有必要，见下页专题 14 中关于制定靶标有害生物名录的信息。

专题 14. 制定靶标植物有害生物名录

植物有害生物名录是某个地区有害生物的详细目录，靶标植物有害生物名录是周边区域和国家对该地区构成威胁的有害生物的详细目录。

靶标植物有害生物名录被用来将监测调查和入侵管理计划的重点放在高威胁有害生物上。根据使用目的的不同，靶标植物有害生物名录所记载有害生物的范围也不同。例如，它们可以包括所有最优先、对产业构成威胁、来自所有起源地、所有传播途径的外来植物有害生物；或者，名录也可以仅仅集中于由一个地方起源、从一个途径传播的植物有害生物。

制定靶标植物有害生物名录是在鉴定可能到达的入侵有害生物的基础之上，然后对每种有害生物进行风险评估。

如果植物有害生物名录要作为产品市场准入申请的一部分，名录就局限于与出口国家或地区农产品寄主植物和材料有关的有害生物范围。如果要根据名录制定一份植物检疫性有害生物的名录，那么就需要包括所有周边国家的所有有害生物，以及有人员和货物往来国家的所有有害生物。

为了鉴定某种寄主或者某个邻近地区的植物有害生物，需要制定一份植物有害生物名录，制定过程详见3.1节。

评估名录中有害生物的威胁

评估的目的是根据植物有害生物的入侵概率、定殖、传播和影响，对每种有害生物评定总体的风险等级。总体风险等级评定通常用定性术语描述（例如，以1到5分级，或者用"低"、"中"、"高"来描述），它可以用来确定某个靶标名录上哪些有害生物有高风险并保证其包括在名录中。

有害生物风险评估涉及的过程和注意事项的指南详见ISPM 11——植物检疫性有害生物的风险分析。

6.2. 与NPPOs的公开交流渠道

标准要求应该有交流渠道，将植物有害生物的信息从来源处传送给NPPO。标准提出，如果有必要，可以通过引入鼓励措施，鼓励公民报告关于某种植物有害生物的信息，以此来改进这种交流，鼓励措施包括：
· 法定义务（针对普通公民和特定机构）
· 合作协议（NPPO和其他特定机构之间）
· 通过联系人加强与NPPOs之间的交流渠道
· 公众教育/意识的宣传活动。
在ISPMs中没有关于以上建议的更加详细的信息。下一节中有关于公众教育计划的详细信息。

另外一种使用得很成功的鼓励措施[15]是提供免费的植物有害生物鉴定服务，以此鼓励人们参与其中，上交不常见的标本。

6.3. 制定公众意识的宣传活动

发起公众意识宣传活动通常是警示农民和公众在某个地区检测到了新的植物有害生物、出现外来有害生物的可能性，或由于环境或耕作方式的变化而导致当地有害生物危害加剧。公众意识宣传材料有两个要点：告知公民某种靶标植物有害生物和指导公民进行协助。

6.3.1. 提供有关植物有害生物的信息

提供关于植物有害生物的信息可以通过多种媒体实现，它们主要分为：印刷品和公告。

6.3.1.1. 准备印刷品

通过准备和分发小册子和情况说明书（有时也称为"植物有害生物警示"）是提高公众意识常用的方法。其他容易分发的宣传材料包括明信片、墙报、日历和书签。信息还可以包括在已有的快讯中。

有效的宣传材料使得公民很容易就识别植物有害生物或它们的症状，因此印刷品应该包括：
· 植物有害生物的名称和为什么它很重要
· 植物有害生物或者/和其为害症状的描述
· 植物有害生物或者/和其为害症状的彩色照片
· 植物有害生物的寄主或可能发现它的环境描述
· 何时可能发现植物有害生物，如根据季节或寄主生长阶段
· 你们——准备这些印刷品的机构——是谁和为什么这会成为你们的主题。
　宣传册的其他特点还包括：
· 宣传材料易读易懂
· 宣传材料能够吸引读者
· 每个植物有害生物的信息应该集中体现在一页纸中（单面或者双面）。

如果你可以使人们获得印刷品的计算机文件（比如在因特网上），记住此时印刷品打印出来很可能是黑白的，这可能影响你提供的信息。因此，可以先打印一份，听取其他人的意见，再对其进行任何可能的改进。

[15] 通过NAQS，作为综合系统的一部分，阻止外来植物有害生物进入澳大利亚北部边界。

6.3.1.2. 植物有害生物警告

植物有害生物警告的结构如下：简介（发现植物有害生物的客观环境）、有害生物的鉴定、其生物学、分布和寄主、寄主上的为害症状、其他阅读材料以及发现它们后如何报告。因特网上可以获得许多关于植物有害生物警告的例子。

例子: SPC

由SPC发布的植物有害生物警告可以在下面这个网址看到：http://www.spc.int/pps/pest_alerts.htm。

6.3.1.3. 小册子

可以制作一些描述植物有害生物信息的小的活动挂图，便于人们寻找。一般这些活动挂图很小，但是牢固，为具有防水纸的活页簿。它们（页面大小11cm×15cm）要小到容易放进汽车手套箱中或者随身携带。每种有害生物的页面上要有有害生物及其为害症状的彩色照片，还要有有害生物的名称、特点、寄主、已知的分布、潜在影响和任何其他有用的信息，如易于与其混淆的其他生物。

例子: WEEDeck

WEEDeck系列选择澳大利亚的外来杂草作为宣传对象，见网站http://www.weeds.org.au/weedeck.htm，发布者的网站上提供了这些杂草卡片的例子，网址为http://www.sainty.com.au/weedeckpg1/weedeckpg1.html。

例子: 森林和木材: 外来植物害虫和病害的田间指南

这一关于澳大利亚森林植物有害生物的小册子可以在澳大利亚检疫网站上免费获得，网址为http://www.aqis.gov.au，在首页上点击"Publications"，然后选择"Timber — a field guide to exotic pests and diseases"。

6.3.1.4. 公告

公众意识宣传活动也可以包括公共研讨会、地方小组谈话、社区活动信息公告栏、路标宣传、无线电广播和电视宣传或新闻发布会。如果宣传方有自己的网站，任何可以进入因特网的人都可以获取包括小册子和植物有害生物警告在内的信息。

宣传时机对于宣传活动的成功十分重要，下一页的例子就说明了这个问题。它记述了澳大利亚昆士兰地区铲除有害杂草暹罗草（*Chromolaena odorata*）的公民参与。

例子:"杂草之王"学校竞赛

　　杂草治理科学研究协作中心（CRC）在学校举办了一场竞赛，让学生们自己设计方案控制学校内或者当地出现的杂草。获胜的学校将会得到1000美元做他们想做的事情。CRC为学生们提供建议的课程活动、学生报表以指导学生撰写报告、为老师们提供评分指导和适当的联系。这些材料和更多的信息可以在网上获得，网址http://www.weeds.crc.org.au/education_training/school_resources.html。

例子: 公众参与铲除暹罗草的活动

　　NAQS进行强大的公众意识宣传活动，使得潜在检疫性植物有害生物在一般公众中引起广泛注意。宣传活动包括：对学生、土地所有人和利益团体（如土地环境保护团体）作宣讲和示范；媒体文章和无线电广播（在局部地区）；准备和分发包括快讯、小册子和日历在内的宣传材料；邀请土地所有者和政府官员上交未知名的植物有害生物标本用于鉴定。

　　有效的公共意识宣传活动能够协助制作杂草分布的地图。作为暹罗草铲除活动的一部分，昆士兰自然资源和矿业部在暹罗草花期的5~8月开展了有力的宣传活动，那时，最容易见到暹罗草。电视广告和报刊文章呈现了开花中暹罗草的图片，并建议认为自己看见过这种杂草的相关居民与之联系。这种公众宣传活动已经帮助确认和报道了四种以前未知的有害生物侵染。对作为铲除对象的这一有害生物和其他物种的战略性宣传将继续在以后成功的铲除行动中起到重要作用。

　　电视和报刊宣传时间与某种杂草的开花季节相一致，对于发现新的侵染很有价值。尽管电视宣传可能是最为有效的宣传工具，但是宣传制作和广告的费用可能成为限制因素，因此，其可能不是付得起的宣传方式。在昆士兰暹罗草铲除活动的案例中，宣传成本很低，因为电视台同意只收取少量费用或者免费播放这些广告，作为他们参与社区服务义务的一部分。海报、照片、有幻灯片展示的演讲、活标本（法律允许这种应用），制作的植物标本展示也为一般公众图示了所关注的杂草。在昆士兰的最北边，NAQS还在托雷斯海峡年鉴和Cape York日历中图示了重点关注的几种杂草，其照片出现在这些杂草最可能开花的月份。在所有情况下，告知公民成员，如果他们认为他们发现了某种受关注的杂草，应该与谁联系，是至关重要的。对所有提交的报告或上交的标本进行了及时的鉴定和反馈。

6.3.2. 宣传公众

经常在寄主作物和靶标地区工作的人们很可能会注意到通常有哪些植物有害生物，因此，他们最有可能发现新的有害生物或任何其他异常的事物。这些人包括农场主和农场员工、推广人员、田间技术员和利益团体。一般公众也同分类学家和植物专家一样，非常有助于增加调查覆盖面积和寻找有害生物的人数。可以在中学和大学中设置一些项目，让学生和老师们参与进来，以增加他们昆虫学和植物病理学方面的知识，并通过他们发现有害生物。本地植物有害生物管理人员和苗圃工作人员也有助于发现和报告新的害虫。

确定和通知已经在开展有害生物调查或者有害生物防治项目的任何组织是相当重要的，因为他们可能没有注意到在他们地区内的其他有害生物监控项目。

例子: 森林和木材：外来虫害和病害的田间指南

这个小册子（见114页）宣传的对象是和木材打交道的人，包括：货运码头工人、货柜箱装卸工、木材操作工、贮材场工人、林业工人和林业技术人员。

6.3.3. 上报体系——公众如何上报有害生物

一旦通知了可能协助检测到某种植物有害生物的人员，我们就需要通过一种方式让他们通知你，并且有一个系统跟踪有害生物报告。这样，我们便可以管理一系列有害生物，并判断信息评估宣传是否有效。

某些使用的上报选择是免费的：长途电话服务系统、向中心数据库发送手机短信，以及在印刷品上提供植物保护官员的直接联系电话号码、传真和电子邮箱地址。

例子: 玉米上有害生物的早期预警系统

菲律宾农业部开发了一个名为Pestex的玉米有害生物监测系统，用于防止有害生物的暴发和减少由其带来的经济损失。这个系统的目标之一是建立基于农民的监控网络，以跟踪确定玉米有害生物的状况、生成预测数据、为协助有害生物治理决策提供信息。农民和农业技术员通过发送手机短信向初级产业局报告有害生物数据。这些信息被添加到某个数据库，并由技术人员巡视报告中认为受到影响的地区，或从更远的地区寻找样本，对这些数据进行确认，然后实施适当的响应计划。

例子: 植物有害生物的电话热线报告

　　外来植物有害生物热线主要是为澳大利亚植物产品和植物健康服务部门的成员设置的一种免费电话服务，使他们通过免费电话报告可疑的外来有害生物。热线在上班时间有专人接听。热线电话可指引打电话者联系本州的政府工作人员，这些工作人员具有植物有害生物的专长，并且能够决定需要采取什么样的应对措施。

　　热线电话号码由澳大利亚农业、林业和渔业部的公共关系部门建立，他们在进行公民意识宣传时将电话号码印在分发的小册子和书签上，并将号码印在分发的所有有关植物有害生物的小册子上。

　　请访问 http://www.outbreak.gov.au，以获得更多的详细信息。

例子: GrainGuard项目

　　在西澳大利亚州，农业部门实施了一个名为GrainGuard的项目，对威胁谷物的有害生物同时进行一般性监测和有针对性的监测。该项目涉及种植者和农业综合企业，整合西澳大利亚的谷物有害生物响应活动。项目包括发布威胁谷类作物的外来有害生物的信息和收集套包，以推动向农业部提交可疑外来有害生物。详细信息请访问 http://www.agric.wa.gov.au。在主页中选择"Crops"，然后点击"GrainGuard"。

第七章

第21步 报告结果

7.1. 向谁报告？

如果你是受资助开展某项调查，那么你的资助单位很可能要求有一份调查结果报告。如果调查是为了与贸易相关的目的而设计，那么NPPOs就需要有一份报告副本。如果你是NPPO的代表，那么你就有义务报告和贸易相关的植物有害生物的检测结果，更多相关信息见7.7和7.8。如果你属于某个研究机构，你可能需要向你的上级部门提交报告，或者你可能将结果写成文章提交给某个期刊。

7.2. 撰写摘要

撰写一个简洁的摘要是很有用的，它可以作为随访资料提供给参与调查的人，包括调查工作人员、当地农民、社区领导。这是对这些人协助调查的感谢，表明他们的参与受到重视。如果你需要继续回到调查地点监测有害生物，这种摘要就显得尤其重要，因为它可以帮助你继续保持和所有参加人的交流渠道畅通。

提供给参与调查人员的报告或者摘要可以比完整的报告简单很多，可以压缩成一张传单或一本小册子。在这种情况下，只需要极少的细节，笔者鼓励使用图片和具体案例。

这时，小册子的内容可以包括以下几点：
· 调查的题目和参加人员
· 调查的目的，包括哪种有害生物、寄主、发生地点及发生的原因
· 发现了什么
· 结果对阅读小册子的人们意味着什么。

第六章中提供了更多关于宣传册和教育材料的信息。

7.3. 新闻发布

有摘要就足以进行新闻发布了。如果你需要写新闻发布材料，你需要与有专门公共关系工作经验的组织合作，他们将在发布材料的结构和写什么样的内容，以及如何发布等方面帮助你。有些组织，像SPC等，可以在网上进行新闻发布；进入http://www.spc.org.nc/，在主页中选择"Press releases"。

7.4. 快讯

快讯一般是通知特定团体的方式，例如，通知水果种植者目前田间的最新动态。根据快讯的不同，一个简洁的摘要和联系方式就足以完成一篇快讯。但是，其他人可能需要了解更多的细节，此时他们最好是从发表的期刊文章中获取。

7.5. 撰写基础报告

一份基础报告包括调查计划中一些步骤的材料信息，因此，大部分的工作已经完成，撰写时只需要将这些材料浓缩，再加上结果和对调查发现的分析及解释即可。

7.5.1. 一份基础报告的组成部分

基础报告中至少应该包括以下信息：

- 调查题目和参与人员，材料见第1步
- 调查的目的，来自第2步
- 靶标有害生物、寄主和发生地点的背景信息，包括讨论以往相关的任何调查，来自第3~6步
- 详细的调查设计方法，包括第7~11步中的调查地点选择、第12步中的调查时间的确定，以及第13步、第14步中的数据和采集样本的类型
- 数据是如何分析和解释的，来自第20步
- 根据调查发现可以得出的结论，结论和最初的调查目的之间的联系。

基础报告也可以在开始的地方有一个简要的摘要及术语列表和致谢，对许可方和资助方表示感谢。

7.6. 固定格式的正式报告

对于要呈递给资助方、NPPOs或者期刊的报告，接受报告方会提供如何撰写报告及其格式的信息，具体要求根据特定的组织而定。

在涉及贸易伙伴的情况下，就有责任按有害生物报告的格式和内容撰写。这些要求在ISPM 13和17中有规定。7.7和7.8节中对报告义务这一部分进行了重点介绍。

7.7. ISPM 13——报告进口交付货物中的植物有害生物

该标准规定如果出现以下报告情况时，NPPOs将会采取适当的措施。

· 没有达到植物检疫的要求
· 检测到受控的植物有害生物
· 没有达到以下文件的要求，包括：
　– 没有植物检疫证明
　– 未认证变更或涂改过的植物检疫证明
　– 植物检疫证明上面的信息严重不足
　– 虚假的植物检疫证明
· 被禁止的托运货物
· 托运货物中出现禁运物品（如土壤）
· 出现特定处理过程失败的证据
· 反复出现通过邮件或乘客携带的非商品化的、少量禁运物品
· 某次紧急行动在进口货运中检测到受控植物有害生物，且该有害生物没有列入出口国家商品的植物有害生物目录中
· 某次紧急行动在进口货运中检测到具有潜在植物检疫性威胁的生物体。

进口方要及时告知出口方所发现的重要情况，以及采取的紧急措施。在指出不符合要求的性质时，该通知的方式应该得当，保证出口合同方能够进行调查和必要的纠正。

通知书应该及时且遵循一致的格式。如果通知书由于某种原因（例如，需要时间检测某种植物有害生物）需要长时间的延迟，通知方则应该事先提供一个初步的报告。

7.7.1. 通知书的格式

通知书应该包括以下信息。

· **参考编号**——通知方应该通过某种方式追踪发送到出口方的信息。这可以是独一无二的编号，或与运送货物的植物检疫证明编号相关的编号
· **日期**——应该记录发送通知的日期
· **进口国家NPPO**的身份验证
· **出口国家NPPO**的身份验证
· **发送货物的验证**——如果可能，发送货物的验证包括检查植物检疫证明编号（或者通过引用其他文件材料验证）、货物等级及植物或者植物产品的学名（至少标明属名）
· **收发货人身份**
· **第一次运送货物的日期**
· **不符合要求和采取紧急措施的性质的详细信息如下：**
　　–植物有害生物的身份
　　–是部分还是全部运送货物被植物有害生物感染了
　　–文件材料出现的问题
　　–适用于不合格货物的植物检疫要求。
· **采取的植物检疫措施**——必须详细介绍植物检疫措施，以及检疫措施影响的发送货物的部分
· **认证标识**——通知方权威机构应该通过某种方式对有效的通知书予以认证（例如，通过印章、封条、印有信头的信纸和授权的签名）。
　　更多信息，见ISPM 13。

7.8. ISPM 17——植物有害生物报告

该标准规定合同双方有责任报告和要求了解在他们管辖的地区，植物有害生物的发生、暴发和传播情况。

标准同时还制定指南，指导如何报告植物有害生物的成功铲除和植物有害生物非疫区的建立。以上这些报告就称作植物有害生物报告。

7.8.1. 报告的内容

一份植物有害生物报告应该清楚地包括：

· 植物有害生物的学名和特点（如果可能鉴定到种和种以下单元）
· 报告的日期
· 相关的寄主或者物品
· 植物有害生物的状态（依据ISPM 8的标准）

· 植物有害生物的地理分布情况（包括地图）——植物有害生物直接和潜在为害的特点，或者因为其他原因报告。还可以像ISPM 8中的植物有害生物记录（确定某个地区植物有害生物的状态）那样，指出采取或需要采取的植物检疫措施和目的及其他信息。

如果所有的关于植物有害生物情况的信息都无法得到，可以先拟订好一份初步报告，以便获得相关信息后随时对报告进行更新。

7.8.2. 如何提交报告

IPPC 要求的植物有害生物报告应该由NPPOs 制定，制定过程中应该至少应用下面三个系统中的一个：

· 直接联系官方联络点（通过信件、传真或者电子邮件）——目前鼓励采用电子方式进行植物有害生物报告，这样可以促进大范围和及时的信息发布。
· 发布在公开的、免费的、官方的网站上（这样的官方网站可以设计成官方联络点的一部分）——关于进入载有有害生物报告网址的准确信息也应该提供给其他国家，或者至少应该提交给IPPC秘书处
· 国际植物检疫门户。

此外，对于已知的、对其他国家能够产生直接为害的植物有害生物，推荐通过信件或者电子邮件直接和那些国家联系。有关国家还强调向RPPOs和私人合同报告系统进行植物有害生物报告，报告可以通过双边同意的报告系统，也可以采取可以接受的其他报告形式。不管使用哪种报告系统，NPPO始终对报告负责。

仅仅在科学期刊或者发布数量有限的官方刊物和公报上发表植物有害生物报告的做法，不能满足标准的要求。

7.8.3. 报告的时间

关于有害生物的发生、暴发和传播状况的报告不应该有过分的延迟。当有害生物直接传播的风险很高时，这一点尤其重要。必须承认，启动用于有害生物监控和报告的国家体系，特别是证实和分析过程，需要一定的时间，但是应该保持在最短的时间内完成。

最后，报告还应该随着新的、更完整的信息的获得进行更新。

见ISPM 17，以获得更多的信息。

第八章

研究案例

8.1. 案例属性

案例	调查类型	植物有害生物类型	宿主俗名	植被类型	国家	取样点选择方法
A	植物有害生物名录	植物病原物	商品化和野生的甘蔗品种	大型甘蔗种植园，家庭甘蔗种植园，路边	巴布亚新几内亚，印度尼西亚，澳大利亚北部	靶标法
B	早期检测，植物有害生物名录	植物病原物	香蕉，柑橘，甘蔗	城镇，种植果园，田间	太平洋岛屿，澳大利亚北部，托雷斯海峡，巴布亚新几内亚，印度尼西亚	靶标法，便捷法
C	植物有害生物状况，早期调查	昆虫	桃花心木，雪松	种植园和行道树	斐济，瓦努阿图，汤加，萨摩亚	靶标法，开车调查
D	植物有害生物状况	植物病原物	靶标名录，包括芒果、柑橘、香蕉、葡萄、葫芦科植物、其他葡萄科植物、锦葵科植物、茄科作物	城镇，家庭花园，高风险地区，公园，野生的商业性植物	澳大利亚北部	靶标法
E	无有害生物区域	昆虫	仓储的谷物，包括小麦、大麦、燕麦、黑麦、玉米、大米	货物	西澳大利亚	靶标法，诱捕法
F	无有害生物区域	昆虫	苹果，梨，杏，油桃，桃子，柑橘	果园	澳大利亚南部	系统诱捕法
G	无有害生物区域	杂草	在尼日尔种子，高粱，珍珠粟中	田间	澳大利亚北部	靶标法，便捷法
H	无有害生物区域	昆虫	芒果	果园和城镇	吉马拉斯群岛，菲律宾	随机法

案例	调查类型	植物有害生物类型	宿主俗名	植被类型	国家	取样点选择方法
I	早期检测	昆虫	13种靶标食用植物	家庭花园	澳大利亚北部	靶标法，便捷法
J	早期检测	植物病原物	甘蔗	田间	澳大利亚北部	靶标法，随机法
K	早期检测	植物病原物	水稻	田间	泰国	系统法，样条法
L	监测	昆虫	玫瑰桉，白桉，细叶桉，赤桉	种植园	澳大利亚南部	分层法，样条法
M	监测	植物病原物	所有的幼苗	苗圃，温室	任何国家	靶标法，完全取样法
N	监测	植物病原微生物	阔叶林，包括澳洲南阳松	种植园	任何国家	靶标法
O	监测	植物病原物	桉树	种植园	澳大利亚南部	分层法
P	监测	植物病原物和昆虫	亮果桉	天然林	澳大利亚南部	靶标法，随机法
Q	监测，有害生物状态调查	植物病原物和昆虫	松树	种植园	澳大利亚南部	制高点法
R	监测，有害生物状态调查	昆虫	十字花科植物，包括甘蓝、芽甘蓝、小萝卜、花椰菜、烟草	田间	越南	便捷法，系统法
S	监测	昆虫	贮存谷物，包括小麦、大麦、燕麦、黑麦、玉米、水稻	货物	西澳大利亚	靶标法，诱捕法
T	定界调查	植物病原物	番木瓜	果园和家庭型庭园	库克群岛	靶标法
U	定界调查	植物病原物及其介体	柑橘树	果园和城镇	巴布亚新几内亚	靶标法
V	定界调查	昆虫	芒果	野生树，城镇、果园	澳大利亚北部	靶标法
W	定界调查	昆虫	实蝇寄主	所有类型的寄主	库克群岛	靶标法，诱捕法

8.2. 案例A 巴布亚新几内亚、印度尼西亚和澳大利亚北部的甘蔗病虫害

第1步. 调查目的

新几内亚是甘蔗商业品种中高糖基因来源种*Saccharum officinarum*的多样性中心，不同的*Saccharum*种在印度尼西亚东部和巴布亚新几内亚（PNG）广泛种植并自然分布。甘蔗有很多外来害虫和病害，其中一些在印度尼西亚和巴布亚新几内亚发生，并有可能降低澳大利亚制糖工业的生产率和收益率。

这次调查的目标是确定*Saccharum* spp.已知的害虫和病害在巴布亚新几内亚－印度尼西亚－澳大利亚地区的分布。这会促进检疫策略的开发与完善，以限制这些病虫害的传播。

第2步. 目标病虫害的名称及诊断特征

收集调查过程中遇到的所有昆虫和病害（真菌、细菌、病毒、植原体）。在巴布亚新几内亚和印度尼西亚，这些病虫害主要是本地的，而在澳大利亚，它们是外来的。

调查人员根据经验，在田间对昆虫标本进行了分类并做了初步的鉴定。一些在巴布亚新几内亚的调查中采集的螟虫在Ramu Sugar上饲养至成虫。然后将这些标本（昆虫针固定或者乙醇浸泡）送到分类学专家那里确认分类。

对于病害，调查人员根据经验，在田间对标本进行拍照和初步分类，如果对鉴定结果不确定，则将叶片和/或茎秆的标本在植物标本夹内或者盛有氯化钙的瓶子内干燥，然后，真菌依据其形态学特征来鉴定，病毒、细菌和植原体利用DNA技术鉴定。

第3步. 目标寄主

栽培甘蔗种（*Saccharum officinarum*、*S. edule*及商业化的杂交种）。

第4步. 转主寄主

野生甘蔗种。细茎甘蔗（*Saccharum spontaneum*）和大茎甘蔗（*S. robustum*）。

第7步. 调查区域

在巴布亚新几内亚、印度尼西亚东部和澳大利亚北部，以及托雷斯海峡/约克角半岛地区进行了4次调查。在巴布亚新几内亚，调查的地区有达鲁、莫尔黑德、塔布里、瓦尼莫、韦瓦克、马努斯、新爱尔兰、新不列颠、莱城、拉姆、波蓬德塔、阿洛陶和莫尔兹比港。这些地区覆盖了整个巴布亚新几内亚。在印度尼西亚，调查的地区有松巴、弗洛雷斯、松巴哇岛、龙目岛和巴厘岛。在澳大利亚

北部，调查了从诺曼到布鲁姆参的19个主要沿海和近海岸定居点。对一些托雷斯海峡岛屿（马布格、博伊古、赛巴伊、加布、约克、默里、达恩利、瑟斯得、霍恩）和约克角的甘蔗群落也进行了调查。由于安全问题，没有调查如西巴布亚（印度尼西亚）和巴布亚新几内亚的高原地区及布干维尔地区。

大多数的害虫和病害在潮湿的雨季接近结束时更活跃，危害也更严重，并且此时对于它们也有充裕的种群发展时间。

第10~11步. 选择取样点和确定样本大小

在所有地区，种植白甘蔗和商品杂交甘蔗的传统蔗园和家庭蔗园都被作为调查目标。传统蔗园在村庄内或者村庄周围的社区蔗园中种植。此外，还检查了生长在路边的野生甘蔗。

由于时间有限，仅调查了机场20~50km范围内有道路能抵达的村庄及道路两旁（每天3~5个）。在澳大利亚北部，调查了城镇。

调查了每个村庄所有区域的甘蔗植株，这通常约为1 hm²。

对社区蔗园和社区的所有甘蔗植株进行了调查——这通常为5~15株甘蔗。

第12步. 选择调查时间

大部分甘蔗病虫害在湿季即将结束的时候更加活跃和明显，根据这一点及公路和航空运输的要求，决定调查在5~6月份进行。

第14步. 采集样本

采用全球定位系统确定每个取样点的位置，并记录寄主种。

采集的昆虫标本为成虫或未成熟的幼虫。大部分标本置于盛有 >95％的乙醇、标了号的标本管中（这适于随后的DNA分析），也有些是杀死后用昆虫针固定的。在巴布亚新几内亚，二化螟以活体保存在带有饲料的取样管中饲养，并带回Ramu Sugar鉴定。标本被带到澳大利亚（经过澳大利亚检疫检验局的允许）进行进一步的鉴定（通常是由澳大利亚或者海外的专家鉴定）。部分标本留有备份，存放在印度尼西亚或PNG作为模式样本。

病害标本以叶片或者是茎秆的形式收集。这些样本被夹在几层报纸中，再放于植物标本夹中，或将植物切成小块（2mm×2mm）在含氯化钙的麦卡特尼密封瓶中干燥。经过澳大利亚检疫检验局的许可，将上述材料引进澳大利亚（必要时进行熏蒸处理）。压制的叶片保存在昆士兰初级产业和渔业部的植物标本馆，干燥的叶片标本样品被送到BSES有限公司的Indooroopilly实验室对病原物进行DNA鉴定。

说明

在调查之前有必要与当地人员（通常是国家检疫服务或农业推广机构的工作人员）进行沟通，所有的调查都如此。这些人员提供了有关当地情况的信息，并充当中间人，确保调查人员能获准进入村庄和收集材料。这也有助于调查组和当地工作人员之间的技术转移。

在许多地方，很难得到足够的报纸来干燥植物材料，因此整个旅途中都应该带上足够的报纸。

航空条例规定装有乙醇的样品管必须以一种特殊的方式打包，要确保在出发之前经过检查。

乘坐包机从一地到另一地，这比商业性航班更灵活并更能节省时间。

参考文献

Magarey R.C., Suma, S., Irawan, Kuniata, L.S. and Allsopp, P.G. 2002. Sik na binatang bilong suka—Diseases and pests encountered during a survey of *Saccharum* germplasm 'in the wild' in Papua New Guinea. Proceedings of the Australian Society of Sugar Cane Technologists, 24, 219–227.

Magarey, R.C., Kuniata, L.S., Croft, B.J., Chandler, K.J., Irawan, Kristini, A., Spall, V.E., Samson, P.R. and Allsopp, P.G. 2003. International activities to minimise industry losses from exotic pests and diseases. Proceedings of the Australian Society of Sugar Cane Technologists, 25 (CD–ROM).

8.3. 案例B NAQS和SPC针对植物病原物的早期检测和病害名录确定

第1步. 调查目的

这是一个广泛的病虫害调查，以确定寄主和病原物名录的基础数据，包括检疫方关注的生物。

第2步. 目标病虫害的名称和诊断特征

这些调查针对广泛的有害生物种。在一般情况下，病害通过调查所有发病植株来鉴定。对于检疫调查来说，靶标有害生物名录通过咨询、与利益方协商或文献检索来制定。检疫性有害生物定义为对处于威胁中的地区具有潜在的经济重要性，但尚没有出现在该地区或已经出现、但尚未广泛分布、并正受到正式防治的有害生物。

NAQS和SPC关注的主要靶标病害是柑橘溃疡病（*Xanthomonas axonopodis* pv *citri*）、香蕉束顶病毒、甘蔗黑穗病（*Ustilago scitaminea*）、血状病细菌（blood disease bacterium）、巴拿马枯萎病（*Fusarium oxysporum* f.sp. *cubense*）和黄龙病（*Candidatus* Liberibacter asiaticus）。

第3步. 目标寄主

针对的寄主很多，但调查一般集中在对经济或文化重要的物种。主要的靶标作物是甘蔗、香蕉和柑橘类植物。

第4步. 转主寄主

在调查的地区内对杂草进行了调查，以检测潜在的生防生物和转主寄主。

第7步. 调查区域

由太平洋共同体执行的这项调查覆盖了整个太平洋群岛；由SPC执行的部分覆盖了澳大利亚北部、托雷斯海峡群岛、巴布亚新几内亚和印度尼西亚。

第10~11步. 选择取样点和确定样本大小

在广泛的栖息地进行了调查。特别关注了农业地区，包括大规模的农场及村庄和住宅的花园。

由于这些调查是检测性调查，时间是限制调查点数的主要因素。调查的目标是尽可能多地覆盖每个地区的种植区。

有的采样点的选择是因为在一个地区有多种靶标宿主植物，或因为农民或者推广人员报告这里有新的或者是不太正常的情况。

第12步. 选择调查时机

在干湿季分明的地区，调查在雨季将要结束时进行，因为这时容易到达取样点，而且寄主植物仍然生长旺盛。在季节变化不明显的地区，最好将调查定在寄主种最丰富且作物正在生长的时间。植原体的生长看来更喜欢在一年中较干旱的时期。

第14步. 采集样本

从病症的寄主上采集样本。可以采用以下三种方法中的任何一种处理标本。有明确病症（如子实体）的样本，干燥后制成蜡叶标本。从有症状的样本上分离到真菌培养基上培养，或者，对于胞间和胞内的病原菌，用氯化钙干燥以备分析。

说明

所有的样本都有高质量的照片，特别是那些怀疑携带病毒和植原体的样本。对送去鉴定的标本拍照是相当有用的，因为这样就有了鉴定的精确的图片，还可以留存为凭证标本。在发表时照片也非常有用。

8.4. 案例C 桃花心木和雪松枝干钻蛀性害虫的为害情况调查和早期检测

第1步. 调查目的

森林植被、小树林和绿化植被中桃花心木和雪松枝干钻蛀性害虫为害情况调查及早期监测。

第2步. 目标病虫害的名称和诊断特征

Hypsipyla robusta (Moore)（鳞翅目：螟蛾科）

俗名：桃花心木螟，雪松干毛虫

Hypsipyla robusta 原产于太平洋上的一些国家，对其他地区来说是入侵性害虫。

为害症状：虫子钻蛀茎秆的末端或者侧枝，导致枝干和顶枝死亡并产生多种钻蛀填塞物。植物早期被害状为枝梢萎蔫，在叶基处可见少量虫粪。蛀孔口通常覆盖有植物碎屑和虫子粪便组成的网状物。一龄幼虫为棕红色，二龄幼虫呈独特的蓝色，并有黑色斑点。成虫很少见。一些宿主植物的果实也会受害，被害状为虫子的粪便和将果实黏成簇的网状物。

第3步. 目标寄主

Meliaceae科Swietenioideae亚科的一些树种，例如，香椿属（*Toona*）的红杉木，桃花心木属（*Swietenia*）的美国桃花心木，洋椿属（*Cedrela*）的墨西哥雪松，麻楝属（*Chukrasia*）的亚洲桃花心木，卡欧属（*Khaya*）的非洲桃花心木。

第4步. 转主寄主

木果属（*Xylocarpus*）的种（红树林）。

第7步. 调查区域

斐济、瓦努阿图、萨摩亚和汤加。

第10~11步. 选择取样点和确定样本大小

调查亚域区被分为森林、小树林和Swietenioideae亚科的绿化树木。通过向每个国家的林业机构咨询，确定了这些树木的地理位置、树龄和种植面积。

在资源允许的情况下，调查覆盖每个国家若干个地理范围内及不同植被类型（如种植园、农业复合林、城镇）内的感病树种（如香椿属 *Toona*、桃花心木属 *Swietenia*、非洲楝属 *Khaya*）。

选择了种植年限小于5年的易感树种，因为在这些树木上症状明显，也更容易获得害虫的样品。涉及国际运输的机场和港口附近的绿化树木也被列入调查范围，因为这些地方是外来害虫的高风险区。虽然对一般机场及港口的附近几千米范围内含有的易感寄主种的种植园都进行了检查，但是监控还是集中在了高风险地点周围1km的范围内。树木的肉眼检查包括路边巡查（驾车）和地面样条巡查。如果发现前面描述的被害状，则对这株树木进行进一步的检测，切开有症状的树枝检查害虫。如果看到蛀虫和 *H. robusta* 的幼虫一样的话，就收集起来在实验室饲喂到成虫。然后将蛾子送到分类学家那里去鉴定。

路边巡查的驾驶速度不超过15km/h，最好是有两个人，一个观察员，一个司机。调查效率随着离道路的距离（大于40m就不可靠了）和植被密度的增加而降低。所以在路边巡查期间，调查人员会定期停车，对远离道路的一个植被区之内的100棵树做地毯式调查。

每个取样点取样树木的数量随种植类型和调查方法的不同而不同。在交通便利的植被区，调查人员开着车扫描大量的树木看是否有被害的迹象。对所有种植类型都进行了徒步调查，一般是地面样条式的调查100棵树木，但是随着植被区的大小及时间和资源的变化，这一数目也会变化。

第12步. 选择调查时间

这些害虫可能整年都存在，但是在湿热的月份更加活跃，所以调查选在这种时候进行。

第13步. 收集数据

记录如下数据：地理位置、植被类型（如种植园、绿化植被）、宿主植物、被害状、发生率（受害树木的数量）、严重度（每株树木上被害的树枝数）、时间、观察员和GPS读数。

第14步. 采集样本

标本：包含老龄幼虫的15cm长的树枝，用在来实验室内饲养；另外的幼虫用于保存；一些活的蛹用来饲养；如果需要的话，还可以采集植物叶片和花并拍照片。

说明

在开始调查前需要得到许可。

132

8.5. 案例D 凯恩斯城市有害生物状况调查

第1步. 调查目的

本次调查的目的是为了了解高风险城市环境中靶标有害生物名录中植物病虫害的情况。凯恩斯市被认为是高风险区，因为这个港口的旅游和贸易的交通量很大，并且这一地区有多种园艺植物和转主寄主植物。这次调查还可以看做是一次监测调查，因为工作人员在调查期间收集的信息可以支持某些检疫性害虫的有害生物非疫区的身份。

第2步. 目标病虫害的名称和诊断特征

调查了昆士兰初级产业和渔业部的生物安全植物病虫害检疫名单上的100多种植物病虫害。具体调查的病虫害数目取决于调查过程中遇到的园艺植物和转主宿主植物的种类。

入侵蚂蚁、白蚁及其他无脊椎害虫也在调查之列。

第3步. 目标寄主

生物安全植物病虫害靶标名录上有大约20组不同的宿主植物，其中主要的有：芒果、柑橘及其他芸香科植物、香蕉及其他香蕉属植物、葫芦科植物、锦葵科植物、葡萄及其他葡萄科植物，以及茄科作物。

第4步. 转主寄主

在调查过程中碰到的一些园艺类和观赏类宿主植物也被列入调查名单。

第7步. 调查区域

调查的地区是澳大利亚昆士兰省凯恩斯市区和近郊（图D1）。这一地区有很多种类型的生境，包括住宅后院、垃圾堆、工业区和港口、小河边、公园及野生的园艺宿主植物。

第10~11步. 选择取样点和确定样本大小

田间取样点的数目与大凯恩斯地区相连接的郊区的数目相一致。

拨给这个项目的资源决定了在一个郊区内的采样点的数目。科学家两人一组，平均每天调查7个取样点；分配给项目的时间和要调查的郊区数决定了采样点总数。参与调查的38个郊区中，大约每个区包括2.2个取样点，总共84个。

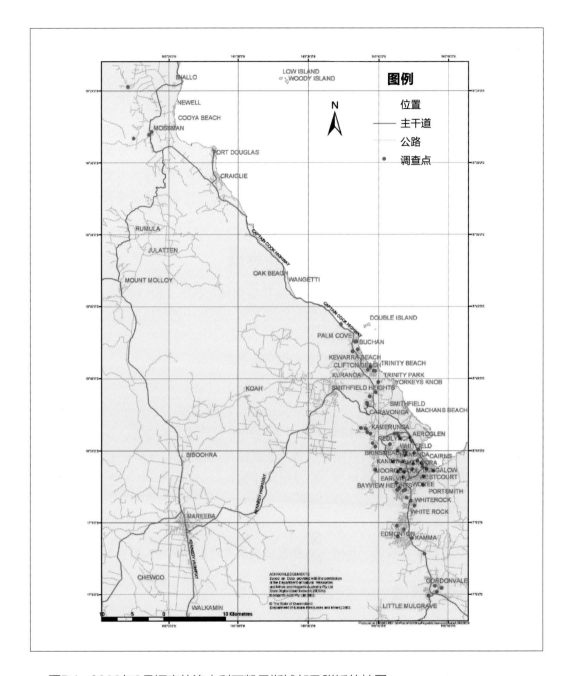

图D1. 2003年9月调查的澳大利亚凯恩斯城郊及附近的地图

　　为了能最有效地利用资源和完成调查，样点不是通过随机抽取的方式，而是选在宿主植物数量大、种类比较多的地区。选取这种方法可以增加检测到靶标害虫的可能性。

　　在每个取样点，对所有的园艺植物和转主宿主植物都进行了检查。相对较小的取样点范围，以及在住宅花园里宿主植物通常不会密集种植的事实，通常使得工作人员几乎仔细检查了每一株宿主植物。在有很多植物的地方，如一大片香蕉，就将植物群作为一个整体进行调查，然后仔细检查几个植株。总共调查了3760多株宿主植物，平均每个取样点11个物种。

第12步. 选择调查时间

这项调查每年都会进行。在城区，全年都容易进入，这使科学家得以每年改变调查时间，检测可能有季节性生活史的靶标病虫害。

第13步. 收集数据

记录病虫害种的阴性数据及受控的和外来的病虫害的存在情况。此外还收集了宿主和取样点的基本信息。用连续的取样点编号来区分不同的取样点。按此编号在调查表上记录每个取样点的基本信息。每个调查点记录的信息包括调查员的名字、调查日期、取样点特征、地理坐标、存在的宿主植物的数量和种类、调查的宿主植物和取样的数量。表格中还记录了没有发生的病虫害种类。

第14步. 采集样本

采集了任何可疑的外来物种，或者科学家不熟悉并导致重大损失的物种，并用适当的方法进行分类鉴定。原位采集害虫和病害的照片以备进一步的研究参考。

说明

城市调查中社区参与的贡献很大，因为获得了进入每一处房屋及院落的许可。昆士兰省检测到的许多病虫害都是由于公众对一种不常见的害虫或罹病植物的询问。在城市中调查和与园丁保持密切联系是一个很好的教育公众关于外来物种和检疫意识的机会。调查员要耐心地与取样点的所有者进行交谈，因为他们可是很有用的外来有害生物报告者。

这虽然是为有害生物分布情况设计的调查，但是收集的数据可以用于获得无外来有害生物地区的情况，以支持州际和国际贸易。

8.6. 案例E 储存谷物中谷斑皮蠹非疫区身份的调查

第1步. 调查目的

维持澳大利亚无谷斑皮蠹的现状。

第2步. 目标病虫害的名称和诊断特征

调查对象为谷斑皮蠹（*Trogoderma granarium*）和花斑皮蠹（*Trogoderma variabile*）。谷斑皮蠹是世界上贮藏谷物中为害最严重的害虫。这种害虫在澳大利亚还没有发现，如果在澳大利亚发现这种害虫的话，澳大利亚的许多谷物出口市场会在一夜之间覆灭。西澳大利亚的腹地已经发现了花斑皮蠹。花斑皮蠹的重要之处在于它可以掩盖谷斑皮蠹的存在。

通常通过切割幼虫的表皮来发现这种害虫。而鉴定需要解剖口器，可疑的蠹虫要送到分类学家那里去鉴定。

第3步. 目标寄主

谷粒、禾谷类及其产品，包括小麦、大麦、燕麦、黑麦、玉米、水稻、面粉、麦芽和面条。

第4步. 转主寄主

没有调查。

第7步. 调查区域

西澳大利亚已有花斑皮蠹或可能有花斑皮蠹的谷物出口终端、仓库和谷粒加工场。

第10~11步. 选择取样点和确定样本大小

在有谷斑皮蠹发生风险的地区选择野外采样点。取样点的数目由这些地区的储存地点决定，30个镇子共选了约130个取样点。储存地点包括装有谷类及其产品的商业建筑和商业性储存设施。

在每个谷物仓库中安装带黏性的捕虫器（见下页）。除此之外，在粮食来源附近的大型建筑中还选取了最多5个的诱捕点，小的建筑中（如商店）中也选了一个诱捕点。

针对那些卫生状况不好的农场，则在农场内特定的位置安装一些装有信息激素的诱饵。

第12步. 选择调查时间

在蠹虫活动最频繁、比较温暖的夏季月份（12月至翌年3月）安装捕虫器。捕虫器在2个月内有效，所以在1月底进行更换。在气候比较温暖的地方，蠹虫可能整年都活动频繁，所以需要连续的调查。在港口进行不间断诱捕。

每两个星期检查一次所有的捕虫器。

第13步. 收集数据

记录捕虫器的标识、安装日期、安装地点、房屋名称及类型、附近的食物源和包括贮存地点捕虫器位置在内的说明。

第14步. 采集样本

使用了有信息激素诱饵的黏性捕虫器。这可以吸引5km以内的蠹虫。信息激素诱饵可以引诱本地的斑皮蠹、花斑皮蠹和谷斑皮蠹。因为谷斑皮蠹不会飞，所以捕虫器放置在地上。

由于没有发现这些害虫，所以没有记录结果。没有保存无蠹虫记录，但是在将来的调查中会保存。

参考文献

Emery, R., Dadour, I., Lachberg, S., Szito, A. and Morrell, J. 1997. A final report prepared for the Grains Research and Development Corporation. The biology and identification of native and pest *Trogoderma* species. Project number DAW 370. South Perth, Agriculture Western Australia.

Banks, H. J. 1990. Identification keys for *Trogoderma granarium, T. glabrum, T. inclusum* and *T. variabile* (Coleoptera: Dermestidae). Black Mountain, Canberra, Australia, CSIRO Division of Entomology.

说明

调查应当更加严格（有组织的而不是定点的），持续进行，在全国范围内协调进行，并将结果输进数据库。

可以更频繁地检查捕虫器，以便这两种蠹虫出现时采取迅速的行动。要小心地将蠹虫从捕虫器上拿下来而不损坏捕虫器，然后送去鉴定。

8.7. 案例F 昆士兰实蝇和地中海实蝇非疫区身份调查

第1步. 调查目的

寻求无病虫害区域身份以获准进入国际市场。

第2步. 目标病虫害的名称和诊断特征

地中海实蝇（Medfly）—— *Ceratitis capitata* (Wiedemann)；昆士兰实蝇（Qfly）——*Bactrocera tryoni* (Froggatt)。

Medfly是一个在西澳大利亚省部分地区有限分布的外来种，仅在该州的西南部存在永久种群（图F1）。这一地区与没有这种实蝇的Riverland、Riverina和Sunraysia相距2000多千米。

Qfly是本地种，原来仅在昆士兰东南部有限分布。现在其永久群种沿东部海岸的海岸线分布，在昆士兰向内陆伸展300km，穿越了整个新南威尔士，并到达了维多利亚东北部的有限地区。

检测到任何可以造成经济损失的实蝇都是严重的结果。

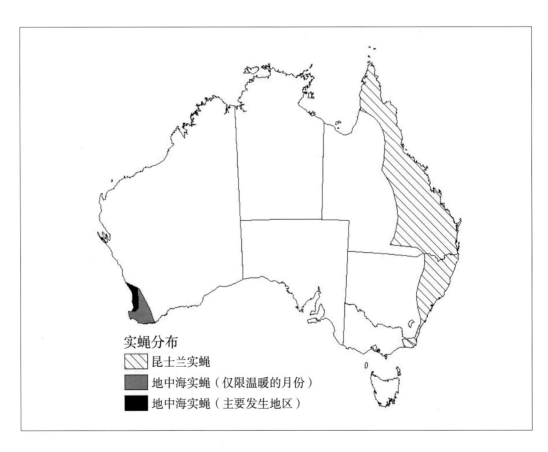

实蝇分布
- 昆士兰实蝇
- 地中海实蝇（仅限温暖的月份）
- 地中海实蝇（主要发生地区）

图F1. 昆士兰实蝇（*Bactrocera tryoni*）和地中海实蝇（*Ceratitis capitata*）的分布图

第3步. 目标寄主

果树：苹果、梨、杏、油桃、桃和柑橘。

第4步. 转主寄主

没有调查。

第7步. 调查区域

调查地区包括澳大利亚维多利亚的Riverland, Sunraysia 和 Riverina地区，以及新南威尔士(图 F2)。这三个地区及其周围的土地都与澳大利亚发生Medfly和Qfly永久种群的地区有足够的地理分割。

Medfly和Qfly在这一地区均没有发生，并且在自然条件下，它们不可能从有害虫地区扩散到这些非疫区，因为这三个地区及其周围地区的气候条件不适宜这两种实蝇。这些条件对这两种实蝇非常不利，使它们在这三个地区及其周边地区定居的可能性极小。

唯一能使这两种实蝇从发生地区到非疫区的途径就是人类的运输活动。私人交通工具将携带实蝇的水果非法地运送到未发生区被认为是这两种实蝇主要的潜在传播途径。

州法律严格控制人们将这两种实蝇的宿主水果运输到非疫区。其他的一些植物检疫措施也防止人们将这两种实蝇扩散。因此，这些实蝇进入到非疫区并定居的可能性是极小的。

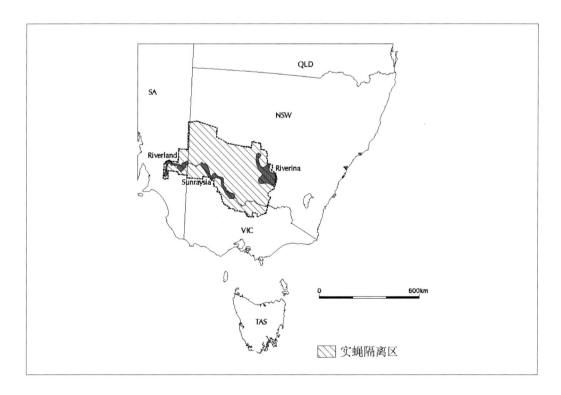

图F2. 寻求害虫非疫区地位的区域（红色）

第10~11步. 选择取样点和确定样本大小

使用了永久性的捕虫网格。城市中捕虫器放置的密度比城外园艺区高，因为实蝇进入到城市并定居的风险较高。在主要的集镇上使用了定点的捕虫器。

在非疫区，捕虫器按纵横网格放置：

· 在城市中，每400m放置一个捕虫器
· 在非城区有宿主植物生产的园艺区，每1km一个捕虫器。

第12步. 选择调查时间

常年监测捕虫器；春末、夏天和早秋（树上结果的时候）一周一次，其余的时间两周一次。

第14步. 采集样本

针对地中海实蝇和昆士兰实蝇放置了分开捕虫器，但放置在同一个采样点。每一个采样点包括：

· 一个装有诱蝇酮的Lynfield捕虫器加上maldison，捕捉Qfly
· 一个装有*Capi*-饵的Lynfield捕虫器加上dichlorvos，捕捉Medfly。

捕虫器放置在植物覆盖最好的地方。在南半球春/夏季，捕虫器放置在任何可能地方的宿主植物苹果树、梨树、杏树、油桃树和桃树上。而在秋季和冬季，则将捕虫器放置在柑橘类树木上。

捕虫器位于果树类宿主树树冠内，大约在树干和树冠外围的中间，距离地面最少1.5m。如果没有果树，则将捕虫器置于有相似树冠的树木上（即阔叶树）。在每个采样点，捕虫器至少相距3m。

诱蝇酮捕虫器每年分别于春天（9月）和夏天（12月）重新安装两次。如果捕虫器没被损坏的话，整个捕虫器（底和盖）每12个月在春季（9月）重置一次，如果损坏就立即更换。

Capi-饵捕虫器每年春夏秋冬分别重置一次，共四次。整个捕虫器（底和盖）每12个月在春季（10月）重置一次。

所有捕虫器内的虫子都要检测，疑似实蝇的要送到昆虫学家那里进行阳性鉴定。每一个标本都要独立地装在塑料小瓶中，并要附一张标签，列出捕虫器编号、捕获日期和其他细节。如果怀疑疑似实蝇的身份，则将标本送到分类学家那里进行阳性鉴定。

说明

根据贸易伙伴的要求，AQIS负责确保在Riverland、Riverina和Sunraysia三个非疫区内进行长期的实蝇监测项目。州政府的相关部门负责本州实蝇监测项目的维持和管理（例如，捕虫器的设置和服务、实蝇鉴定、灭除行动的实施等）。澳大利亚检疫检验局还进行实蝇监测项目的审计，以确保计划的可行性，州政府负责进行中的行动和操作的内部审计。

州相关部门有责任和权利宣布实蝇暴发。他们必须通知澳大利亚检疫检验局这两种实蝇中任何一种暴发的细节和需要暂停非疫区身份的地区。

AQIS负责随后通知其贸易伙伴关于这两种实蝇的暴发情况。至于国家其他的植物保护组织，检验检疫局有责任和权利颁发从非疫区生产的宿主水果的出口证书。当确实出现这两种实蝇的暴发时，检验检疫局将不允许这一地区的水果出口。

8.8. 案例G 菟丝子非疫区身份调查

第1步. 调查目的

这项调查的目的是证明西澳大利亚州北部的Ord河灌溉区（ORIA）是否没有菟丝子属（*Cuscuta*）的杂草。这些信息有助于关于出口油菊籽到美国的市场准入谈判。油菊籽用于笼鸟的混合型食物中。美国的条例坚持对进口的油菊籽进行蒸煮以杀死其中任何的杂草种子，特别是菟丝子属杂草的种子。如果可以证明ORIA地区为无菟丝子属植物区的话，美国检疫机构——美国动植物检验检疫局（APHIS）就同意不经蒸煮就进口ORIA的油菊籽。

此次调查研究了所有有该有害生物记录的地点。该类杂草在调查地区的分布是未知的。最近的已知有菟丝子属植物的地区是在南边距离海岸线1000km及东南距离海岸线200km以内的地方。在南纬18°以南发现有稀少的菟丝子群落存在。1993年和1994年的调查发现菟丝子的疫区扩大到西澳大利亚ORIA地区周边300km以内的范围。

第2步. 目标病虫害的名称和诊断特征

菟丝子属（*Cuscuta*）的种。这种专性寄生植物既没有叶片也没有叶绿素。其纤细的茎形成纠结的团块。通过小吸盘黏附于草本植物如豆类、西红柿和辣椒上。菟丝子利用这些吸盘从寄主身上吸取营养物质，使寄主植物变得矮小并褪色。

第3步. 目标寄主

盇金花（*Guizotia abyssinica*）、杂交高粱（*Sorghum* sp.）和杂交珍珠粟（*Pennisetum glaucum* hybrids）。这些一年生作物生长在旱季，通常在4~5月份种植，8~9月份收获。

141

第4步. 其他的生长地点

这种植物可能生长的地方是：
- 任何其他作物（香蕉、芒果、玉米、鹰嘴豆、甜瓜和银合欢）中
- 在非耕作的潮湿生境中（泉、排水沟、供水管、花园、湖边、污水形成的湿地、围场边及河边）
- 路边。

第7步. 调查区域

ORIA地区归库奴纳拉镇管辖。调查界定的区域是库奴纳拉镇所在地和用于农业灌溉的Ord河灌溉区，大约5400km²。

Oria属于热带半干旱地区，夏季湿热（雨季），冬天温暖而干燥（旱季）。年平均降雨量787mm，降雨集中在12月至翌年3月，这期间最高气温有时能超过40℃。旱季的平均最高气温为32℃，最低15℃。

这个地区主要是黑黏土组成的平原，用于集约灌溉的条播农业。也有一部分地区是红壤和沙地，这些地区是条播作物，或者树下作物。

第10~11步. 选择取样点和确定样本大小

采样点的数目受调查区域很大和调查对象很难看见的影响。设计的调查地点的数量域覆盖了整个地区。调查强度随取样点的不同而不同。
1. 所有希望出口到美国的油菊、高粱和珍珠粟都在调查之列。每10hm²一个取样点，$N = 20$。
2. 每个取样点调查所有的第二宿主（香蕉、芒果、玉米、鹰嘴豆、甜瓜和银合欢）；对所有的非种植湿地（泉、排水沟、供水管道、花园、湖边、排污水形成的湿地、围场和河边）都进行取样。$N = 30$。
3. 在调查区域行走的过程中，所有的路边都通过边开车边观察的方式进行了调查。

在每个采样点，调查的内容包括步行横穿作物区500m（或者在植被密集区，如高粱、香蕉，则沿着边缘走2倍的距离），检测横穿面的左、右各1m。

如果调查的区域是低矮的作物或由灌木组成，使用一个500m断面的"Z"字形调查，以调查尽可能多的作物或调查点。

调查瞄准那些作物中看起来不整齐或发黄的点，特别是在作物的灌溉入口和排水口附近。

第12步. 选择调查时间

该地区针对菟丝子的调查在每年湿季（3~4月）和随后的旱季，当油菊、杂种珍珠粟和高粱在灌溉条件下生长时，各进行了一次。

调查频率由贸易伙伴确定。虽然当前已经停止了油菊对美国的出口，但是作为澳大利亚检验检疫局对澳大利亚北部众多有害生物调查的一部分，每六个月就会对菟丝子进行一次较小规模的调查。

第14步. 采集样本

因为没有发现调查对象，所以没有采集样品。

第21步. 报告结果

每次调查完毕，都向AIQS汇报调查结果。

说明

提出了立法变更，以支持非疫区状态：
· 根据*Plant Diseases Act 1914*禁止菟丝子属植物进入ORIA地区
· 根据*Agricultural and Related Resources Protection Act 1976*申明菟丝子属植物在ORIA地区是有害杂草，这使将来在这一地区发现菟丝子属植物时，便于对它实施铲除。

8.9. 案例H 芒果果肉象甲和芒果果核象甲非疫区身份调查

第1步. 调查目的

寻求芒果进入澳大利亚的市场准入。

第2步. 目标病虫害的名称和诊断特征

芒果果肉象甲和芒果果核象甲形态特征相似，但为害芒果果实的不同部分，因为象甲为害没有表观症状，必须将芒果切开检查。芒果果肉象甲幼虫能在果肉内形成呈特殊棕色的腔。

第3步. 目标寄主

芒果。

第4步. 转主寄主

未检测。

第7步. 调查区域

菲律宾共和国吉马拉斯省，主要由一些岛屿组成。其土地面积大约有8%用于芒果生产。这些岛屿通过海峡与其他岛屿形成地理隔离。

第10~11步. 选择取样点和确定样本大小

对这个省的普查发现，全省有超过97 000棵已结果的芒果树，这就允许随机选取其中一些树进行调查。取样点分配到了不同级别的市政当局，然后再依据品种和管理方法分配。

样品量大小（经过一个澳大利亚政府统计学家的核准）是这样的：如果发生芒果果肉象甲或芒果果核象甲的芒果树达到1%或者更大时，并且如果发生这两种虫的树上有15%的果实受害的话，那么在调查中就有95%以上的机会检测到这两种害虫。样本量大小要求对该省5%结果的芒果树进行调查，每棵树木上调查10个果实。

在调查之前要选择适合的树木并标号。

第12步. 选择调查时间

调查是在1999年2月至翌年5月进行的。芒果整年都可以结果，但12月至翌年5月、特别是3月和4月是生产旺季。

第13步. 收集数据

访问了芒果种植者或中介以了解芒果的品种、栽培方式，果树管理、产量和病虫害的发生情况。

第14步. 采集样本

开花后65天，从每棵被调查的树木上收集10个芒果。5%的调查样本大小为4857棵树，共收集48 570个芒果进行调查。确保每棵被调查的芒果树的每四分之一部分都至少检查两个芒果。

芒果被打包编号后送到实验室检查。首先检查芒果的表面然后再切开，来寻找果肉和种子中的所有害虫，但主要注意力集中在目标害虫上。

我们认为检查果实比粘虫板、目测观察、敲打树枝和检查残渣更加有效。

8.10. 案例I 北领地土著部落食用植物的虫害调查

第1步. 调查目的

此次调查的目的是纽兰拜镇的Yirrkala和Garrthalala土著部落及其周边的本地植物群落中的外来虫害。

第2步. 目标虫害的名称和诊断特征

利用一个靶标害虫名录，调查在邻国已经发现但在澳大利亚尚未发生的害虫，包括56个非常重要的种和24个中等重要的种。这些害虫主要为害粮食作物，也可能在相关的植物上存活。

第3步. 目标寄主

调查的寄主植物为澳大利亚北部一些重要的食物来源和其他的资源，包括甘蔗、香蕉、柑橘类植物、芒果、棉花、葡萄、高粱、葫芦科植物、玉米、饲用豆类及禾本类牧草、桉树属植物、金合欢属植物和棕榈植物。

第4步. 转主寄主

还调查了与调查的重要宿主植物同属或同科的其他本地植物，特别是当调查的害虫是杂食性的时候。

在时间允许的条件下，还调查了其他的粮食作物，特别是对当地人很重要的本地粮食作物。

第7步. 调查区域

调查在矿区小镇纽兰拜（人口2000）及Yirrkala (人口约1000) 和 Garrthalala（人口约30）的土著部落中进行。纽兰拜是澳大利亚北领地阿纳姆东北端的一个沿海小镇。依据以前的一个外国船只的报告，还在Murjbi（Garrthalala附近一个近海的无人居住点）进行了调查。

纽兰拜人庭院的植物种很丰富，通常离本地植物群落比较远。Yirrkala居民花园中也有一些植物种，虽然没有纽兰拜的丰富，但是在商业性的植物种附近生长的本地植物更普遍。Yirrkala有一个5hm²的香蕉园。Garrthalala商业化的植物种极少，并完全被本地植物包围。Murjbi是一个无人居住而相对未受干扰的地方。

在纽兰拜和Yirrkala，是在得到主人的准许后才能进入居民后院的。进入Garrthalala的居民后院调查则是在与部落酋长轻松的谈判后进行的。Garrthalala距离Nhulunbuy和Murjbi两个小时的车程，还要在狭窄的泥土路上走1个小时。进入土著部落要经过当地土地委员会的同意，当地居民的帮助加快了调查的进行。

第10~11步. 选择取样点和确定样本大小

通过向当地人询问，以及在小镇开车或者步行向花园中观看来寻找生长着被调查的宿主植物的花园。选择界定植物群落的本地植物进行调查。

取样点很大程度上按照它本身的位置选择。因为时间有限，被调查的花园比例与群落的大小成反比。在Garrthalala，调查了所有的商业性植物种，而在纽兰拜及Yirrkala，调查的作物的比例较低。

在不同的取样点调查的植物数不同。被调查的社区花园里，检查了所有的植物。在Yirrkala的香蕉种植园，香蕉沿每个小区的边缘生长，所以对沿种植园中部断面生长的香蕉植株进行了调查。还对生长在香蕉园边缘的本地植物进行了调查。

第12步. 选择调查时间

调查在12月份进行，这时雨季刚开始，雨水还没有将路冲断，而植物已经开始生长，还可以对芒果进行调查。

第13步. 收集数据

收集了每个部落食用植物的名录。

第14步. 采集样本

采集到的昆虫尽可能地在田间鉴定，通常鉴定到科。只保留那些由于不是目标害虫而不能确定的和那些身份不明但是对植物有明显为害的标本。采集感兴趣的或者不常见的物种或者被害状的照片。

8.11. 案例J 甘蔗黑穗病的早期检测调查

第1步. 调查目的

甘蔗黑穗病是甘蔗一种严重的病害，可以使感病品种的产量降低30%以上。这种病害在澳大利亚的首次发现是1998年7月在西澳大利亚的Ord河灌溉区。1998年澳大利亚东部对这一甘蔗病害最初的快速调查和对病害检查的复查没能发现其在这一地区的分布。

1998~1999年和1999~2000年在昆士兰和新南威尔士对甘蔗黑穗病做了更广泛的调查，以确定这一病害在澳大利亚东部是否有分布，并由此做出适当的检疫条例和入侵治理决策以降低其造成的损失。

第2步. 目标病害的名称和诊断特征

病原菌：*Ustilago scitaminea* H & P Sydow

病害：甘蔗黑穗病

诊断症状：被侵染的甘蔗茎秆中心产生非常特异的黑色鞭状结构（孢子），长度从几厘米到1米多不等（图J1）。该病害可导致生长缓慢，分蘖增加，茎秆变细，像草一样。有经验的植物病理学家可以提供对该病害的可靠鉴定。

图J1. 甘蔗上甘蔗黑穗病的特征性鞭状结构

如果发现可疑的植株，取病菌的孢子送到昆士兰初级产业和渔业部植物标本馆，利用已有的DNA方法对该真菌做鉴定。

病菌最初侵染芽，会保持休眠直到芽萌发。因此，在产生可见症状前的6~12个月是检测不到的，直到症状达到足以进行调查的强度，才有可能检测被侵染的植株。

第3步. 目标寄主

商品化甘蔗 (*Saccharum* spp. 杂交种)。

第4步. 转主寄主

未调查。

第7步. 调查区域

澳大利亚东部的商业性甘蔗田。整体来说，这些地区都容易进入，且较平坦。

第10~11步. 选择取样点和确定样本大小

查看地图提供的关于感病品种、农场数目、种植区数目、品种和作物种类的信息。将一块甘蔗田看做一个可能的取样点。

虽然也选了高风险的甘蔗田（如去过Ord河灌溉区的居民的农场）和已知种植的是高感品种的蔗田作为采样点，但是甘蔗田的选择还是随机的。由于长期暴露于可能的侵染，调查选择了宿根的甘蔗。

有几个因素来决定甘蔗的哪一部分可以调查：甘蔗的高度、悬垂植株间狭窄的巷道、夏季潮湿、泥泞的条件及需要专门交通工具的距离。采样过程中使用了两轮和四轮的摩托车，但是四轮的摩托车在行距小于1.5m的地方或者是甘蔗年龄大于3茬的地方不很适用。但在大部分的榨汁厂地区，它是最好的田间调查交通工具。为了防止甘蔗叶子伤着脸和眼睛，每辆摩托车上都装上了特别设计的篷子。在一些地方，将安全带和安全栏杆放在合适的地方，然后使用跨行喷雾机从作物上方检测甘蔗。还可以从工具车的货盘沿着田边地角和卷扬机的车辙来检查有无病害，在某些地区还进行了步行检查。

澳大利亚东部第一年调查的目标是最少占甘蔗面积的1%。每个榨汁厂的可能侵染面积包括那个季节收获用于榨汁的总面积、收获的食用甘蔗面积，以及没收获的面积。这三个面积组合产生甘蔗占地面积，与潜在的调查面积有关。要求每个榨汁厂的调查率占甘蔗面积的1%。这1%包括一个榨汁厂范围内调查10%的地块，然后是这些地块10%的甘蔗行。

1998~1999年度是多年来昆士兰和新南威尔士最潮湿的一个季节。这种潮湿的天气在很多地区阻碍了调查的正常进行，所以仅调查了0.76%的地区。1999~2000年度较干旱，且干季开始得比较早（9月份），促使调查了更多的地区。

最终，在两年中对甘蔗黑穗病的调查覆盖了15 000hm²，是澳大利亚东部作物区的3.75%。这样大约有大于95%的概率检测到0.1%的侵染（假设：100 000×4hm²单位＝总共 400 000hm²；其中调查了3750×4 hm²单位）。

第12步. 选择调查时间

第一年的11月至翌年3月，第二年的9月至翌年3月。

时间选择在前茬作物收获（第一年种植后）或宿根植株（随后的再植）后。这意味着调查能够进入田间，同时植株还有时间生长，使黑穗病长出便于调查人员识别的"鞭"状症状。

第13步. 收集数据

调查结果记录到Microsoft Excel格式的数据库中，信息包括：榨汁厂位置、农场的名字、农场的数目、调查日期、地块编号、地块面积、品种、作物类别、实际调查面积、记载的病害。

第14步. 采集样本

因为没有发现这种病害，所以没有采集样本。如果发现病害，则会将病株原封不动地留在原地并做好标记，以便进一步调查。所有的调查人员都事先获知甘蔗黑穗病的症状，并带有该病害的照片。

参考文献

Croft, B.J., Magarey, R.C. and Smith, D.J. 1999. Survey of sugarcane in eastern Australia for sugarcane smut. BSES Project Report PR99003.

说明

由于黑穗病菌入侵的偶然性，调查时带了一个装有防护服和消毒设备的拖车，拖车上装有：

- 冷水喷雾器HP152——一种高压水清洗机（2000 lb/in²；11 L /min）
- 200 L塑料桶和支架
- 工具箱
- 20 L和10 L摩托车简便汽油罐筒和压力净化燃料（无铅）
- 5 L罐装浓缩汽车清洗剂
- 一盒20套一次性重型防护服。

清洗设备用来在榨汁厂之间的路上清洗摩托车、设备、拖车上所有的污物及种子。如果摩托车沾了很多泥,或者某一农场内的地块内杂草较多的话,摩托车在开往下一个的农场之前要在该农场的简易棚中彻底清洗。

每个人的背包中都配备了消毒装置,万一发现了黑穗病菌的话,可以及时扑灭。这种装置称为黑穗病入侵试剂盒(SIN试剂盒),它包括:

- 去除泥巴和灰尘的硬毛洗衣刷
- 施用70%乙醇的喷雾瓶
- 清除鞋子上小孔里泥巴用的螺丝钉
- 1 L 70%的乙醇(将工业乙醇稀释到此浓度)
- 备用衣物(裤子和衬衫)
- 一包加厚垃圾袋。

8.12. 案例K 水稻假单胞菌调查

第1步. 调查目的

早期检测调查。

第2步. 目标病虫害的名称和诊断特征

调查目标:假单胞菌属细菌,其早期症状容易与纹枯病症状相混淆。染病幼苗基部鞘叶变黄、发褐,最后变成暗褐色。严重时,叶鞘整个坏死。谷粒变色,畸形,或者空秕。症状一般在播种80天后才能观察到。

第3步. 目标寄主

水稻。

第4步. 转主寄主

未调查。

第7步. 调查区域

马来西亚Perak省北部的Parit Buntar。这是马来西亚半岛上的主要粮食产区之一。Parit Buntar的水稻栽种面积约为20 000hm²。

第10~11步. 选择取样点和确定样本大小

根据田间地形及基础设施(例如,灌溉渠、道路等),每40~100hm²为一个采样区。每个采样区被分成10个子采样区。在每个子采样区,随机选取10个采样点(每个取样点15~20个分蘖)监测病虫害状况。一般而言,根据资源的多少(例如,调查人员和交通工具),调查的面积占总面积的5%~10%。

调查在农民的田间进行。在每块田中，都是先划定对角线，沿着对角线，每走10步选一丛水稻进行检查。每丛面积约15cm×15cm，大约20个分蘖。

第12步. 选择调查时间

一年有2个生长季节：9月至翌年2月和3~7月。不论哪个季节，都是在播种70天后，当症状显现出来时取样调查。调查一般要一周左右完成。

第14步. 采集样本

对所有10个采样点的所有20个分蘖的基部叶鞘检查其严重状态。收集怀疑有症状的叶鞘送往实验室培养鉴定。

参考文献

Saad, A., Jatil Aliah, T., Azmi, A.R. and Normah, I. 2003. Sheath brown rot: a potentially devastating bacterial disease of rice in Malaysia. International Rice Conference, Alor Setar, Kedah, Malaysia, 2003.

8.13. 案例L 桉树和柚子树巨大木蠹蛾监测调查

第1步. 调查目的

监测大面积单一种植的桉树林中巨大木蠹蛾为害的树干症状，以确定种群大小或分布的变化和为害程度。这个调查的结果可以帮助森林经理人确定综合防治措施。

第2步. 目标害虫的名称和诊断特征

- *Endoxyla cinerea* (Tepper)（鳞翅目：木蠹蛾科）（原来在*Xyleutes*属中）。
- 通用名：巨大木蠹蛾。
- 澳大利亚本地种。

为害症状：这种害虫为害树龄2年及以上的树木。幼虫在茎或树干内向前开挖蛀道，在小的入口周围的树干上形成隆起。被害树木周围的地面上有明显的幼虫粪便和碎木屑。仲夏，在成虫羽化之前，在小入口取食洞的上方会形成一个大的圆形出口洞（直径3~5cm）。成虫羽化时，其空蛹壳会留在洞内并突出来，这是木蠹蛾为害的另一个标志。

在地面横穿面进行目测检查，如果发现树干上的隆起和/或虫粪，则近距离地检查这棵树，寻找入口/取食孔（区分这种害虫为害与其他能形成隆起的损害，如真菌性溃疡或者物理损害）。如果有必要确认鉴定，通常会选小树伐倒，将带有幼虫的树干段带回实验室饲养成成虫，然后送到分类学家那里鉴定。巨大木蠹蛾的幼虫最大长度可达到15cm，直径3cm。

第3步. 目标寄主

Eucalyptus grandis（玫瑰桉）及其杂交树种，*Eucalyptus dunnii*（白桉），*Eucalyptus tereticornis*（细叶桉），*Eucalyptus camaldulensis*（赤桉）。

第4步. 转主寄主

昆士兰和新南威尔士没有商业化种植的其他几个本地桉树品种。

第7步. 调查区域

澳大利亚昆士兰和新南威尔士北部的沿海地区。

第10~11步. 选择采样点和确定样本大小

调查地区是由上述几种寄主植物组成的工业种植林。通过与昆士兰和新南威尔士已知的商品林所有者协商，决定取样位置、树木的年龄和种植面积。

调查包括横跨害虫为害地理范围内的感虫树种和树木年龄段。在大面积种植林中选的调查点比小种植林的调查点多，因为这样在时间和成本上都更为经济。

因为这种害虫只为害树龄2年及以上的树木，所以树龄2年以下的不在调查范围之内。为了确定最初的发生率和严重程度，在第一次疏伐之前对树龄2~3年的寄主树木进行了调查。一般而言，木蠹蛾为害的影响对这个树龄段的树木最严重（被虫子打过洞的树很容易被风刮倒，还很容易被寻找幼虫当食物的美冠鹦鹉弄倒）。在树龄较大年龄段的森林中也进行了调查，但是一般没有在树龄较小的森林中细致。

就检查发现巨大木蠹蛾为害状而言，地面调查虽然比路边调查更加有效，但是这会使调查速度减慢，进而限制被调查的森林面积。调查运用了以下四种不同的方法：调查多组百棵树横断面；每单位面积森林调查固定长度的断面（如100m×10m）；在每个调查小区中每隔9行调查1行；或者每个小区调查5个20棵树的采样组（4行×5棵）。固定取样区的优点是可以对同一地区在不同时间调查，可显现种群动态变化。2人组成的调查小组适合这样的调查，因为这样可以观察树木的两侧。

第12步. 选择调查时间

调查一般在冬季进行，这时木蠹蛾成虫的出口仍然可见，也很容易对新的为害进行评估。如果需要鉴定标本，取样最好在仲夏进行，这时圆形的成虫出口肉眼可见，但是大龄幼虫或者蛹还在树干里面。夏末调查的效率也高，因为木蠹蛾成虫出口突出的蛹壳使得调查员很容易发现虫害。

第13步. 收集数据

位置、栽种小区、宿主植物、栽种日期、症状、发病率（长虫的树木的数目）、严重性（每棵树上虫子的数目）、调查日期、调查员姓名、GPS读数。

第14步. 采集样本

采集长30~50cm、含有大龄幼虫或者最好是蛹的树干以在实验室饲养成虫，以及用于保存的幼虫，如果需要鉴定寄主的话，还要采集树叶、花，并拍照。

说明

这项技术还可以用在其他在蛀茎木蠹蛾的调查上，如*Xyleutes ceramica*、亚洲寄生于柚树(*Tectona grandis*)上的蜂孔蛀虫，也可以和对别的钻蛀性害虫如*Phoracantha*属天牛的调查联合进行。

8.14. 案例M 园林苗圃猝倒病的监测调查

第1步. 调查目的

此次调查目的是监测苗圃中的猝倒病。猝倒病是对热带森林苗圃影响最大的病害。有报道称，这种病会使一季的播种损失高达100%。这种病会在一个雨季毁掉整个苗圃，但在其他年份则不会造成重大危害。

这个案例为在苗圃进行猝倒病调查提供指南。

第2步. 目标病虫害的名称和诊断特征

猝倒病真菌在苗圃中是长期存在的，只有当环境条件适合病菌生长时才会发病，而不是在幼苗生长的早期发病。适合猝倒病发病的条件为：苗床或育苗盘播种密度过高、土壤水分或湿度过高、过量浇水、遮阴过度及通风条件差。猝倒病会在种子萌发后两周内发生，导致大量的死苗。有存活力的种子在芽出土之前就

153

被杀死，有些幼苗出土后匍倒然后死亡。染病的幼苗在土表层处形成水浸状、缢缩的茎组织，使幼苗倒伏并死亡。死亡和垂死的植株出现不规则的块状分布。一旦病害发生就会迅速地扩散，在几天之内杀死大量的幼苗。

在茎和一部分根木质化后，猝倒病经常会转变成根腐病，导致无法区分二者。根腐病的症状是幼苗矮化、顶梢枯死、失绿和早熟落叶。根部变色和/或腐烂。

病菌描述

很多土生的土传真菌都是猝倒病的共同病原菌，它们侵染肉质的茎组织。这些真菌包括*Cylindrocladium*、*Fusarium*、*Pythium*、*Phytophthora*、*Rhizoctonia*和*Sclerotium*属中的一些真菌。

萌发前猝倒病的出现是真菌在幼苗出土前侵染胚根的结果。萌发后猝倒病是在幼苗出土后真菌侵染幼苗茎基部的结果。

鉴定引发的猝倒病应该在森林病理学实验室或者植物病理学实验室进行，因为可能涉及很多不同的真菌。

第3步. 目标寄主

猝倒病不是寄主特异的病害，在世界上任何幼苗生长的地方，温室、苗圃和自然条件下都会发生。

第4步. 转主寄主

见第3步。

第7步. 调查区域

任何园艺苗圃均可进行这项调查。

第10~11步. 选择采样点和确定样本大小

在任何大量种植苗木的苗圃或温室都应该进行一般性的监测调查。如果某一地区有任何该病发生的信息，则这一地点也应包括在调查中。

苗床上、苗圃中，有时在自然生长的森林中的幼苗都有可能受侵染。播种稠密的幼苗可能更易感病，特别是在雨季、过量灌溉和有机质含量过高的基质中种植时。

如果调查的苗圃比较小且调查人员充足，则可以对新播种的苗床进行完全的调查。然而，在大的苗圃，或者是调查人员不足的地方，可以只调查新播种苗床的10%。

第12步. 选择调查时间

调查应该在播种一周后进行，即幼苗刚出土的时候。如果有猝倒病存在的话，这时的症状是最明显的。

第13步. 采集数据

因为不可能对苗床上感病的幼苗计数，所以在新播种的苗床上，通过目测的方式确定每个苗床的病害严重程度。大的苗床可以分成几块、四分之一圆或条带后再进行目测评估。按照如下方式评估病情：

病害等级	症状	分值
无	无	0
低	≤25%幼苗发病	1
中	25%~50%幼苗发病	2
严重	>50%幼苗发病	3

按照上面的分级方法分级，用调查的苗床数来计算病情指数以代表病害的严重度。病情指数用下面的公式计算：

病情指数 $= [(na \times 0 + nb \times 1 + nc \times 2 + nd \times 3) \div (N \times 3)] \times 100$

na =病情为0的苗床数

nb =病情为1的苗床数

nc =病情为2的苗床数

nd =病情为3的苗床数

N = 被调查的或苗圃中的苗床总数

要收集的数据包括：苗圃中苗床的总数、每个苗床上的播种量、播种和出苗日期、浇水的频率、遮阴情况，以及任何苗圃工作人员观察到的其他的病害。

第14步. 采集样本

采集病害标本，即发病的幼苗，用来分离和鉴定相关的真菌。

8.15. 案例N 阔叶林根部病害的监测调查

第1步. 调查目的

此次调查的目的是监测阔叶林根部和茎干基腐病害，但包括一些针叶树，如澳洲南洋杉。根部病害在自然界很普遍，所以需要种植的各个层次引起注意。因为会影响森林的生产力、休闲娱乐的安全性和生物多样性，所以监测很重要，因此有必要采取适当的控制措施。

本案例分析是为了给如何进行树木的根部病害（以根腐为例）的调查提供一些指导意见。这是Old等 (1997)报道的一次调查。

第2步. 目标病虫害的名称和诊断特征

在人工林中，根腐病的症状是有死亡的或垂死的成片树木。发病树木的叶片发白、稀疏并且比正常树木小很多；树冠衰弱，树木整体生长率很低。新梢可能会萎蔫，一些发病的树会在非花果季开花和结果。通常，树林中被风吹倒的树木很可能是根腐病发生的标志。当地上部出现症状时，挽救这棵树就太晚了。真菌的子实体产生很晚，通常是在树木死后，因此，无助于对病害的早期诊断和防制。为了识别病害，需要查看根部的症状。

桑褐根病菌（*Phellinus noxius*）造成的根腐病通常称为褐根病，因为其症状为根被包被在泥土、沙石混合形成的基质中，并被锈褐色绒状菌丝体块纠结在一起。真菌在侵染的根表形成连续的黄褐色表皮，侵染时间越长，颜色越深，有时还会在树基部有袜状延伸。发病早期，根腐部分为浅褐色，随后根就会出现褐色曲折的线，但这时根还是坚硬的木头。当腐坏的部分经过相当程度的发展后，木质变得易碎、轻并变干，中间充满了由真菌菌丝体形成的薄层，使得木头看起来像一个蜂房。蜂房的小室可能是中空的，也可能充满了疏松的菌丝体。在病情严重的时候，可在树皮下的木头表面见到由褐色的线形成的网状结构。

桑褐根病菌形成较小、坚硬的伞形子实体，发散下弯至向上翻转。子实体可能是单独的至呈瓦状重叠。伞盖中心表面一开始被有精致的绒毛，颜色为浅锈色至茶褐色，很快不规则的有褶部分变得光滑，颜色由深褐色变成黑色，表面被有厚 0.2~1mm、树脂状坚硬的壳。边缘完整，圆形，常呈波状起伏，并且比菌盖别的地方色浅。更详细的描述请参见Pegler和Waterston (1968) 及Núñez 和Ryvarden (2000)的相关文献。

根据经验，不管是在根上还是心材上，层孔菌属真菌导致的根腐朽病都可以通过其特殊的孔穴（蜂房状）结构鉴定。

鉴定还可以通过产孢结构的存在来鉴别，但产孢结构很少见。因此通常采集表现症状的根，在人工培养基上分离真菌，然后通过培养特征或者在诱导形成子实体后再鉴定。技术上的细节，请参见Lee 和 Noraini Sikin Yahya (1999)的相关文献。

第3步. 目标寄主

该真菌是热带阔叶林中重要的寄生菌，尽管这种病害在针叶林中发生概率较小，但是对于澳洲南洋杉(*Araucaria cunninghamii*)而言，它是一种严重的病害。

第4步. 转主寄主

未调查。

第7步. 调查区域

这项调查适合于任何阔叶林。

第10~11步. 选择取样点和确定样本大小

树林中在以前的作物轮作中观察到由于根或树干腐烂而有死树的地区要在随后的调查中继续关注。

要调查的人工林或者田块的数目取决于调查地区人工林的范围。可以根据以下因素确定数目：树龄、原产地、土壤类型及有无死亡的树木。

建议使用样线法调查。要从调查地区的概览地图（1∶5000或者更高）绘制树木的大比例尺地图。在地面调查之前，要借助航空照片和初步勘查数据（如果有的话）设好样条。

应该从树林边缘50m处，且不得近于任何树林边界10m的地方选取一个由2~5m宽的条带组成的连续的样线。在整座森林里，在每隔50~100m的平行样条进行调查，长度取决于地块的大小。样条边界要做标识，以便重新定位和调查。

第13步. 收集数据

每一个样线收集了如下信息：

a. 死亡或者发病树木的位置

b. 树的状况（如健康、站立的病树、站立的死树、风倒木）

c. 沿着侵染中心样条有无发病的树木及其严重程度。

只有鉴定出被风刮倒的树木是由于根部病害造成的时候，记录倒树。

根部病害的发病率可以依据下面的公式计算：

$$根发病率 (\%) = \frac{感病树木（棵）\times 100}{所有检测的树木}$$

第14步. 采集样本

在适当时候采集样本。

第12步. 选择调查时间

调查最好避开旱季或者是树叶脱落的时候（对季节性落叶的树木而言），这样可以避免混淆季节性落叶与根部病害导致的落叶。

说明

由加拿大政府不列颠哥伦比亚森林管理法1995年7月审定的《根部病害控制指南》中可以查阅到各种根病的调查及评估方法。本指南可以在互联网上查到：http://www.gov.bc.ca/tasb/legsregs/fpc/fpcguide/root/chap3a.htm。

参考文献

Lee, S.S. and Noraini Sikin Yahya 1999. Fungi associated with heart rot of *Acacia mangium* trees in Peninsular Malaysia and East Kalimantan. Journal of Tropical Forest Science, 11, 240–254.

Núñez, M. and Ryvarden, L. 2000. East Asian Polypores. Vol. 1. Ganodermataceae and Hymenochaetaceae. Oslo, Norway, Fungiflora. Synopsis Fungorum 13.

Old, K.M., Lee, S.S. and Sharma, J.K., ed. 1997. Diseases of tropical acacias. Proceedings of an international workshop held at Subanjeriji (South Sumatra), 28 April–3 May 1996. CIFOR Special Publication, 53–61.

Pegler, D.N. and Waterston, J.M. 1968. *Phellinus noxius*. Commonwealth Mycological Institute Descriptions of Pathogenic Fungi and Bacteria No. 195.

8.16. 案例O 某森林叶部病害导致落叶情况的监测调查

第1步. 调查目的

调查的目的是估计在森林树叶部病害流行后为害的严重性（失去功能叶面积），这项调查适合于由叶部病原菌或食叶昆虫造成的任何类型的树冠为害。

第2步. 目标病虫害的名称和诊断特征

球腔菌叶枯病是由病原菌 *Mycosphaerella nubilosa* 引起的病害。这一真菌病原菌侵染幼小、未成熟的蓝桉（*Eucalyptus globulus*）树叶，造成大病斑（图O1）。这种病害使新枝末梢柔软的叶片迅速枯萎脱落，产生自上而下的落叶（图O2）。

虽然 *M. nubilosa* 是与这一病害相关的主要病原菌，一系列其他球腔菌属的种也可能与叶斑有关。只用DNA分析就可以确切地鉴别和区分不同的种。

图O1. 蓝桉树幼叶被小球腔菌属真菌侵染后形成的大型叶斑

图O2. 由于球腔菌（*Mycosphaerella nubilosa*）侵染造成新枝末梢柔软、未成熟、展开中的叶片凋萎，并自上而下落叶

第3步. 目标寄主

蓝桉树（*Eucalyptus globulus*）。

第4步. 转主寄主

未调查。

第7步. 调查区域

调查澳大利亚塔斯马尼亚西北部蓝桉树种植园，该种植园已有两年，覆盖面积为62hm²。

第10~11步. 选择取样点和确定样本大小

我们使用了Stone等（2003）概述的方法，把这个种植园分成 8 个亚区域来调查（图O3）。

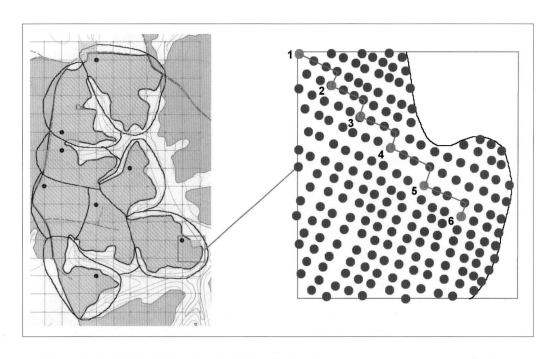

图O3. 调查的种植园地图，指出如何将它分成 8 个亚区，用100m×100m方格分别从这8个亚区中各随机选择一个1hm²的单元。右边放大的图表示是如何用阶梯式测量法在1hm²单元里选择6棵树来作为一个样条的

在种植园示意图上画一个1cm×1cm的网格（在1∶10000的地图上，种植园地图比例尺相当于100m×100m）。对8个亚区中每个网格单元进行了编号（从亚区域左边顶部单元开始），相应编号的纸片放入一个罐子。然后，从罐子里抽出一个号码，在8个亚区中的每一个亚区随机选择单元格（图O3)。选择网格左上角的单元格作为阶梯式样条的起点，选择6棵树进行调查。如果左上角落在种植园之

外，则沿顺时针方向迈进，找到种植园范围内网格的第一个角。利用地图导航，走到选定的每个网格角，一旦到达，就找到最接近角落那棵树，选择它作为测量的第一棵树。然后以阶梯式样条的方式（"Z"字形）向对角线对面的角落上移动，选择那个网格余下的五棵测量树。阶梯式样条包括从选中的这棵树向同一行移动3棵树，并阶梯式横跨到下一行，选择最近的树（图O3）。

第12步. 选择调查时间

在晚冬和早春病害大发生之后的晚春进行调查。

第13步. 收集数据

对于选择的每一棵树，我们评估（i）落叶的树冠百分率和（ii）剩下的树冠上叶片病斑的数量。这些数据被称为树冠损害指数。利用一个目测标准（图O4）帮助估计，估计的落叶率最小误差为10%。

为了估计叶斑的数量，我们估计了（i）剩下的树冠上有病斑叶子的比例和（ii）每张叶片的平均病斑面积（Stone et al. 2003）。这两个因子的乘积转化为一个百分比（乘以100），如下所示。

*Mycosphaerella*叶枯病引致的落叶总面积是估计的落叶率和叶片病斑率的总和。例如，

30%的落叶率（即100%－30%=70%的剩余树叶）　　　　　　　　　[1]

剩余树叶的50%有叶斑　　　　　　　　　　　　　　　　　　　　[2]

叶斑平均占叶面积的30%　　　　　　　　　　　　　　　　　　　[3]

落叶总面积＝落叶%+（剩余树叶的%×0.5×0.3）

落叶总面积＝30%+[0.5×（100%－30%）×0.3]＝40.5%

将田间数据输入到Excel电子表格中，计算种植园的树冠损害指数。这个电子表格重定格式后显示出记录的数据和计算的叶面积平均损失（CDI平均数），如图O5所示。这个表格的电子版可以从国家森林资源调查局的网站上下载。网址<http://www.a a.gov.au/n>。

采集有坏死病斑的叶片，装入袋子带回实验室压制、干燥，然后将处理好的叶片放进一个适当标注的信封里（注明编号、采集者姓名、采集日期、寄主种、采集地点），如果将来需要参考，收入植物病害标本馆。

0%

7.5%叶面积损失

18%

25%

50%

70%

79%

86%

90%

图04. 两年生蓝桉树从上到下落叶的目测标准

日期		10/23/01		树冠被危害指数	
评定人姓名		Tim Wardlaw		平均	41
植被名称		NW Tas		95%置信区间	6
种植时间		1999		目标95%置信区间	10
种		globulus		95%置信区间上限	47
种植面积 / hm²		62		95%置信区间下限	35
网格单元面积 / hm²		1		被调查树木的数量	48
放养率（每网格单元/树干数）		1100			
网格单元数		62		落叶数	
目标95%置信区间宽度（平均值的百分之）		25		平均	29.4
				95%置信区间	5.2
				95%置信区间上限	34.6
				95%置信区间下限	24.2

			病斑数	
			平均	11.8
			95%置信区间	1.5
			95%置信区间上限	13.3
			95%置信区间下限	10.4

网格数	树	落叶数	病斑数	树冠被危害指数	备注
1	1	40	15	55	
1	2	50	15	65	
1	3	20	20	40	
1	4	40	7	47	
1	5	30	12	42	
1	6	20	15	35	
2	1	10	7	17	
2	2	20	6	26	
2	3	20	12	32	
2	4	10	5	15	
2	5	30	12	42	
2	6	10	8	18	
3	1	30	12	42	
3	2	20	8	28	
3	3	30	10	40	
3	4	40	12	52	
3	5	20	12	32	
3	6	20	8	28	
4	1	60	8	68	
4	2	40	12	52	
4	3	20	12	32	
4	4	50	8	58	
4	5	40	10	50	
4	6	20	14	34	
5	1	20	16	36	
5	2	30	12	42	
5	3	30	15	45	
5	4	40	18	58	
5	5	20	12	32	
5	6	20	14	34	
6	1	30	12	42	
6	2	30	18	48	
6	3	10	12	22	
6	4	30	10	40	
6	5	60	12	72	
6	6	40	14	54	
7	1	30	12	42	
7	2	20	8	28	
7	3	20	6	26	
7	4	30	14	44	
7	5	10	12	22	
7	6	20	10	30	
7	10				
8	1	40	15	55	
8	2	50	16	66	
8	3	30	14	44	
8	4	20	12	32	
8	5	40	12	52	
8	6	50	12	62	

图O5．完成后的表格显示了48棵被测量树的落叶率和叶斑数（8个亚区每个亚区各6棵树），同时也计算了单棵树木和整个种植园的树冠损害指数

参考文献

Stone, C., Matsuki, M. and Carnegie, A. 2003. Pest and disease assessment in young eucalypt plantations: field manual for using the crown damage index. In: Parsons, M., ed., National Forest Inventory. Canberra, Australia, Bureau of Rural Sciences.

说明

所需仪器

一个人进行落叶调查，可能用到：
· 按照一个合理的比例尺度绘制的一幅种植园地图（如1：10 000)
· 适用于被评估的损害类型（落叶和叶斑）的目测标准
· 一个记录树冠损害指数数据的表格。

更多信息

Pest and disease assessment in young eucalypt plantations: field manual for using the crown damage index. September 2003. Australian Government Department of Agriculture, Fisheries and Forestry.

这本手册可以免费从网站上下载：<http://www.daf f .gov.au/nfi>

选择"Pest and disease assessment in plantations"页面，该页面允许下载可使用的Excel表格。

8.17. 案例P 估计树干创伤发生率的调查

第1步. 调查目的

本次调查是度量树干损害的普遍程度。调查适合任何类型的树干受损，包括生物的（如溃疡病菌、蛀干害虫）、物理的（如火烧）和机械的（如疏伐伤口）损伤。

第2步. 目标有害生物的名称和诊断特征

以栗环腐溃疡病（*Endothia gyrosa*）为靶标。该病原真菌侵染并破坏各种木本植物的树皮。*Endothia* 从树皮喷出的橙色真菌组织垫中生出小的黑色子实体（图P1），可以用于野外识别该病害。由病原菌造成的为害程度不同，可以从微不足道、局限于树皮外层的浅表性溃疡（图P2）到树皮深层溃疡（图P3），深层溃疡环绕枝干，使树木死亡。在病害流行时浅表性溃疡和深层溃疡都可能发生。

　　树干受伤不容易看见，尤其是下层林木致密的森林，因此需要在地面进行调查，以便对每个样本树干周围进行近距离的检查。

图P1. 从树皮长出的 *Endothia* 橙色真菌组织垫上的黑色子实体

图P2. *Endothia* 侵染造成的浅表性溃疡：侵染尚未进入整个树皮的深处，因此形成层仍然是完整的。这种溃疡对树干的质量几乎没有影响

图P3. *Endothia*造成的深层溃疡：侵染已经深入到整个树皮深处，使形成层死亡。溃疡里面的树皮裂开，最后脱落，暴露出树干创伤

第3步. 目标寄主

亮果桉（*Eucalyptus nitens*）。

第4步. 转主寄主

没有调查。

第7步. 调查区域

调查的地区为澳大利亚北部塔斯马尼亚的亮果桉种植园，这个种植园已有11年，面积25hm²，最近进行了疏伐，留下大约300株修剪过的树等着收获。

第10~11步. 选择取样点和确定样本大小

在每两公顷森林中选择100m×10m的矩形小区进行调查，一旦计算出两公顷森林里划分的小区数量，就在地图上标出选定小区的位置（理想的比例尺为1∶10 000）。小区安排在前一个小区的直角上，没有重叠，以锯齿形提供对该森林的最大覆盖（图P4）。尽可能地将小区沿着树林长轴斜对角分布。我们避免了将小区选定在有原木的地方或其他非典型区。

标出一条100m长的线，调查这条线任何一边5m范围内的树干中部。

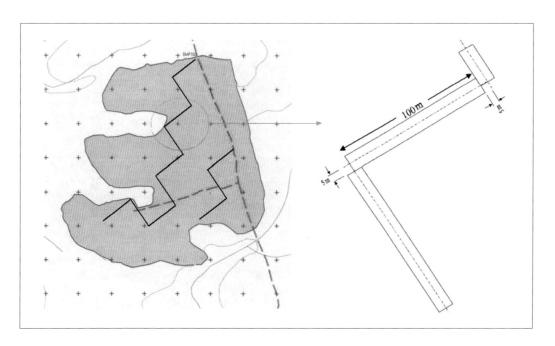

图P4. 用于抽取树木进行树干损伤调查的锯齿形安排的100m×10m小区

第12步. 选择调查时间

这项调查在秋天进行，即在常规健康监控期间检查到有损害之后，但这种调查可以在一年的任何时间内进行。

第13步. 收集数据

这个调查用于同时评估表面和深层溃疡。用数据表格记录每棵树表面、深层是否有溃疡。

分别收集每个小区的数据（图P5），这就可以计数树木总数，而土地面积是已知的。计算每个小区每种溃疡占的百分比，然后用这些数据分别计算平均值、标准差及数据的95%置信区间。

第14步. 采集样本

可以很自信地仅根据橙色真菌子座上产生的深色子囊壳（图P1）症状来鉴定病害。尽管如此，仍然用锤子和凿子收集了多块有溃疡病菌的子实体的树皮，带回实验室，干燥，附上正确的信息（采集者、采集日期、寄主名称、采集地点）后保存，备以后参考。

说明

在所有的小区在两端和中点做标记，即用彩色木钉在0m、50m、100m处作标记，或者标在合适距离的树上。

确保最后那个100m×10 m的小区有足够的空间。只在完整的100m小区里进行抽样。如果没有足够的空间，就不要取样。用一半或部分小区出现过很多错误。

茎秆损伤评估表

地区	坦桑尼亚北部		日期	28/04/2005	损伤定界		
					类型1		表面溃疡
样区	100Z		采样点	EMP102	类型2		深度溃疡
评估人	T. Wardlaw		方位 / (°)	197	样区间距 / m		5

样区编号	健康的茎秆			损伤的茎秆						总和
				类型1			类型2			
	标签	总数量	百分比 / %	标签	总数量	百分比 / %	标签	总数量	百分比 / %	
1	xx	24	71	xxz	6	18	xxv	4	12	34
2	x	19	70	xxz	5	18	xv	3	11	27
3	xxx	18	60	xxxz	6	19	xxvx	6	20	30
4	xxy	21	68	xxyz	4	20	xyv	6	19	31
5	xy	15	68	xyz	4	13	xyv	3	14	22
6	y	15	56	yz	8	18	Yv	4	15	27
7	yy	17	63	yyz	2	30	Yyv	8	30	27
8	yyy	19	68	yyyz	6	7	yyv	3	11	28
9	yx	21	66	yxz	7	21	xv	4	13	32
10	xyx	15	65	xyxz	6	22	yxv	2	9	23
11	yxy	13	52	yxyz	5	25	xyv	7	28	25
12	yyx	18	75	yyxz	2	20	yxv	4	17	24
13										
14										
15										
16										
17										
18										
19										
20										
21										
22										
23										
24										
25										
总和数据										

	平均值	标准差	95%置信区间	95%置信区间/平均值（%）
茎秆				
1类损伤 / %				
2类损伤 / %				

图P5. 例子显示如何记录树木标签和在损害评估表中计算溃疡情况

需要的设备

　　至少两人一组去做损害调查。他们需要下面这些试验设备：

- 一个指南针，以保证后续的小区相互成90°角
- 一个50m卷尺，测量2个50m的长度
- 一个10m卷尺，测量小区的宽度
- 一个损害评估表
- 一个计算器
- 一个锤子、凿子和纸袋，收集和保存有溃疡的标本。

参考文献

Wardlaw, T.J. 1999. *Endothia gyrosa* associated with severe stem cankers on plantation grown *Eucalyptus nitens* in Tasmania, Australia. European Journal of Forestry Pathology, 29, 199–208.

8.18. 案例Q 松树种植园的监测调查

第1步. 调查目的

　　本调查的目的是在造成的损害可以补救的水平上监测种植园中病虫害的存在。这个调查适合鉴定病虫害为害产生的明显症状，如死亡率、梢枯和严重的落叶。产生的症状局限于树干上的病虫害，如溃疡病病原菌或蛀干害虫，使用这种方法的检测不可靠，除非损害严重到整株树都死亡。要检测出造成这种隐性症状的病虫害，进行地面调查是必要的。

第2步. 目标病虫害的名称和诊断特征

　　通常情况下目标病虫害是未知的，一般也碰不到。但是，早期调查常常是治理罕见、但可以积累并迅速破坏森林的病虫害的一个重要部分。云杉树蜂［*Sirex noctilio* (Sirex)］就是一种此类害虫。这一钻蛀性害虫在松树（*Pinus* spp.）的边材产卵，产卵时还分泌一种有毒的黏液，引来真菌病原菌*Amylostereum aureolatum*。黏液和真菌病原菌共同为害，使受到严重侵袭的树木枯萎并死亡。被树蜂为害死的树产生树脂小滴，从产卵的地方沿树干流下（图Q1）。如果有成蜂羽化，树干将会出现直径约为5mm的圆形出孔（图Q2）。树蜂能很快（2~3年）建立起大种群造成大范围的树木损失。

图 Q1. 从树蜂（*Sirex noctilio*）产卵的地方流下树脂小滴的松树

图Q2. 有成蜂羽化圆形出口的松树

第3步. 目标寄主

松树（*Pinus radiata*）。

第4步. 转主寄主

没有调查。

第7步. 调查区域

在澳大利亚塔斯马尼亚州北部的松树种植园。

第10~11步. 选择取样点和确定样本大小

在种植园里，监测树蜂的重点是高密度、接近轮作中期（10~15年）的干燥区域。这些种植园最容易被树蜂为害。

因为种植园密度高，容易被树蜂为害，而且很难从路旁或地上看到。从空中观察概况（图Q3）和从高处（图Q4）观看是寻找树蜂为害致死树的最好方法。空中监测的方法有：直升机或固定翼飞机在一个距地面150~200m的高度，以低于180km/h的速度飞行观察。从高处观察，包括开车或步行前往有利地点，如山顶上或观望台，用肉眼或望远镜观察种植园。不论使用哪种方法（空中或高处），都需要检查整个目标区域。完全检查到是不可能的（包括高处看不见的地方），但密集区的地面调查是必需的。向前或向后步行，每隔两行树木检查一行中每棵树的树冠。在总体观测期间如果检测到刚死的或是垂死的树，需要把它们的位置标在地图上，以便从地面跟踪调查，确定死亡原因，尤其是检查是否有树蜂存在。

可以将用α-蒎烯作为引诱剂的静态诱饵放在易受树蜂为害的种植园诱捕树蜂（图Q5），作为全面观察或者地面调查树蜂的替代技术。静态诱捕能检测到密度很低的种群。然而，在诱捕期间，需要定期地查看（每两周一次）。

第12步. 选择调查时间

这项调查是在春天进行的，但是这个工作在一年的任何时间都可以做。防治树蜂行动需要在晚秋到初冬进行。因此，调查监测靶标害虫树蜂常常在春天和早秋时进行。

第13步. 收集数据

记录确实由树蜂为害致死的树木位置。记录的地点可以标记在地图上，也可以标在全球定位系统的网格坐标上。

171

图Q3. 从飞机或高处可以看
到树蜂致死的树

图Q4. 示例: 从制高点调查丘陵地带树木受到的为害

图Q5. 用 α-蒎烯作为诱饵，诱捕云杉树蜂

需要的设备

需要两人一组进行适当的调查。

精确地图是调查种植园所必需的。地图的比例尺为1∶10 000～1∶25 000时对调查最有用。如果从飞机或直升飞机上检测，地图比例尺为1∶100 000～1∶250 000更合适，显示轮廓、水道、公路和树林的地图，是从空中或高处检查有症状树木位置最有用的东西。

指南针、量角器和直尺对从制高点定位检测受侵染的树是很有用的（从制高点到目标树获得一个罗盘方位角，再用量角器和直尺在地图上那个方位角画一条线）。

GPS，用来测定受害树木的确切位置。

双筒望远镜，用于从高处观测种植园，可以让你观测到每棵树的树冠。

8.19. 案例R 十字花科上蚜虫的监测调查

第1步. 调查目的

调查在越南进行，确定不同省的十字花科作物上的蚜虫种类，以及它们更偏爱哪种农作物寄主。

第2步. 目标害虫的名称和诊断特征

越南十字花科寄主上的四个蚜虫种是：

· 豆蚜〔*Aphis craccivora* (Koch)〕——无翅蚜，小，成蚜黑亮，4~7月在十字花科上有时可发现蚜虫小种群。

· 棉蚜〔*Aphis gossypii* (Glover)〕——在许多作物上有各种颜色的无翅蚜，但是在十字花科上成虫是深绿色，而且在生长季早期（10~11月）可以发现其小种群。

· 甘蓝蚜 (*Brevicoryne brassicae* L .) ——无翅蚜，中等大小，1.5~2.5 mm，灰绿色，头胸背部黑色，腹部斑纹。全身覆盖着灰白的蜡粉，蜡粉也分泌到寄主植物表面。有翅蚜，长1.3~2.4 mm，头部和背部黑色，在腹部背面有黑色的横条。

· 桃蚜〔*Myzus persicae* (Sulzer)〕——小型或中型无翅蚜，1.2~2.1 mm，有白绿色、浅黄绿色、灰绿色、中绿色、粉红色或红色。有翅蚜的腹背面中部有黑色斑纹；未成熟的有翅蚜，常常是粉色或红色，尤其是秋季种群。

甘蓝蚜和桃蚜是典型的优势蚜虫种，甘蓝蚜的生活史5~10d，一个无翅雌蚜能产19~33头若蚜。桃蚜的生活史6~13d，雌虫能产25~60头若蚜。

在大多数情况下，蚜虫取食植物幼嫩的生长部分。可以在叶背面形成大群体，也为害种子作物的花冠。当植物被严重为害时，嫩叶嫩芽扭曲畸形，叶片发黄，生长缓慢。

蚜虫的鉴定已由分类学家进行了确认。

第3步. 目标寄主

甘蓝蚜为害大多数十字花科植物。在许多省，每个月都有这些植物种植，目标植物包括甘蓝、芽甘蓝、水萝卜和花椰菜。

桃蚜也于10月至翌年6月生活在红河三角洲地区大多数十字花科植物和烟草上。我们只在夏天（6~9月）调查了北部山区的十字花科植物。

第4步. 转主寄主

还调查了葡萄上的甘蓝蚜和烟草、桃树、木瓜、鹅肠菜缕（*Myosoton aquaticum*）、柑橘、雍菜（*Ipomoea aquatica* Fosk–Laportea）上的桃蚜。

第7步. 调查区域

调查了越南最大的十字花科蔬菜产地。包括越南北部的河内、海防、Sapa的郊区及南部的达拉。这些地区的地形、土壤条件、季节模式、寄主品种都各不相同。

第10~11步. 选择取样点和确定样本大小

这些地方是生产区。实地调查地点被确定为农田。

由于时间限制，我们调查了3~5个重要的季节性代表作物和其他寄主（大约27个田块），每隔5天调查一次，共5次。

我们在每个田块调查5个样点。在每个取样点，我们选择属于5个为害等级（10~12个极轻受害叶片，10~12个轻度受害叶片，10个中度受害，10个严重受害）中任一级的10~12个为害部位（新枝、花、小苗）。见下文。

第12步. 选择调查时间

每隔5天调查一次，因为蚜虫最短的生活史大约是6天。

第13步. 收集数据

在每个地点，记录5~10棵作物上蚜虫的数量，或者是20cm²幼苗上蚜虫的数量。

将植株部位（叶、茎、新枝、花或整个幼苗）上的蚜虫数量分到五个虫害发生级别中的任意一级。

零级：

没有发现蚜虫。

超轻度：

在叶片上有一个蚜虫到一个小群体。

轻度：

在叶子上有几个蚜虫群体。

中等：

大量蚜虫存在，没有明确的群落但是分散和为害叶和茎的大部分。

重度：

大量蚜虫存在，非常密集，为害所有的叶和茎。
收集的主要数据包括：
· 每个叶片、新枝、茎、花和苗有蚜虫的数量
· 每个田块出现蚜虫为害症状的植物各部位的数量
· 观察到的蚜虫自然天敌的数量
· 农作物的物候学
· 每天的气候条件。
将整个植株压平并照相。
在数据表上记录数据，然后转成Microsoft Excel表格。

第14步. 采集样本

每一为害级别收集12个叶片样本，并收集每个叶片上的蚜虫，然后放在盛有90%浓度乙醇的封口容器里，在实验室里计数每片叶子上蚜虫的数量。

8.20. 案例S 抗磷化氢储粮害虫的监测调查

第1步. 调查目的

监测所有对熏蒸剂磷化氢有抗性的储粮害虫。

第2步. 目标害虫的名称和诊断特征

目标害虫指任何对磷化氢有抗性的昆虫，其中包括谷盗类、象甲和蛾子的幼虫。所有谷盗类都是小甲虫，长2~5mm，棕色至黑色。依据它们细长的鼻子来鉴别真正的象甲（一种甲虫）。谷蛾幼虫通常是粉红色或淡黄色，可以做网。这些物种能够为害整个谷粒，造成初级为害，对经济有重要影响。其中包括：
· 小谷蠹 [*Rhyzopertha dominica* (F.)] ——图S1
· 米象 [*Sitophilus oryzae* (L.)] ——图S2
· 谷象 [*Sitophilus granarius* (L.)] 。
其他物种不为害整颗谷粒但是通过啃食形成裂缝或破碎造成次级为害，这些包括：
· 赤拟谷盗 [*Tribolium castaneum* (Herbst)] ——图S3
· 杂拟谷盗 (*Tribolium confusum* Jacquelin du Val)
· 锯谷盗 [*Oryzaephilus surinamensis* (L.)] ——图S4
· 长角扁谷盗 (*Cryptolestes* spp.) ——图 S5
· 一些书虱物种（啮虫目）。

图S1. 小谷蠹（*Rhyzopertha dominica*）

图S2. 米象 [*Sitophilus oryzae* (L.)]

图S3. 赤拟谷盗（*Tribolium castaneum*）

图S4. 锯谷盗 [*Oryzaephilus surinamensis* (L.)]

图S5. 长角扁谷盗（*Cryptolestes* spp.）

"快速检测"（Reichmuth 1991），用来快速获得田间采集的害虫的抗性/非抗性（＋/－）结果，然后立即采取适当的行动（防治、铲除或检疫）。

用以下两种分析方法中的任意一种，都能精确地评定害虫的抗性。

第一个是生物测定，使用联合国粮农组织标准技术，将害虫放入气密的干燥器里，然后加入磷化氢（FAO 1975）。使用了两种鉴别方法，鉴别力低的方法用于鉴别没有抗性和有抗性的昆虫，鉴别力高的方法检测比一般的"弱"抗性昆虫抗性高的昆虫（Daglish and Collins 1999）。根据澳大利亚实验室模式种群的反应，这个列在原创方法中的甄别剂量已经为新方法采用。对磷化氢敏感的纯合昆虫用低剂量的方法鉴别，而纯合的弱抗性用高剂量试剂鉴别。敏感性由昆虫的致死剂量来决定。

另一测定方法，使用了流通式技术，通过将不同龄期的昆虫暴露在一个持续流动，浓度一定的磷化氢中（Winks and Hyne 1997; Daglish et al. 2002）。这种方法非常费力和耗时，但它能精确地预测在给定浓度的磷化氢中某一昆虫种群完全灭绝的时间（Daglish and Collins 1999）。它用于描述抗性特征，预测控制田间害虫所需的浓度和在磷化氢中暴露的时间。

第3步. 目标寄主

谷粒、谷类植物和产品，包括小麦、大麦、燕麦、黑麦、玉米、水稻、面粉、麦芽和面条。

第4步. 转主寄主

没有调查。

第7~9步. 调查区域、地点、地区和田间点

调查的目标是全澳大利亚的粮食出口码头、货运码头、农场仓库、批量处理公司和谷物加工机，这些地方已知有谷物害虫存在或有为害的风险。其他来源包括家庭样本和检疫截获的样本，这可能是国外抗性株系的来源。

第10~11步. 选择取样点和确定样本大小

抽样点包括所有田间地点和步骤7中列出的位置。工作人员把操作不卫生，或怀疑害虫可能对磷化氢有抗性的田块作为目标。

第12步. 选择调查时间

在炎热夏季甲虫活动的最高峰时（10月至翌年4月）进行调查。在气候炎热的时候，甲虫全年都可以生存，因此需要全年不断的监测。在码头，诱捕也不能中断。

第13步. 收集数据

记录采集人、日期、地点（包括纬度/经度）、庄园名称、庄园类型、所有者、调查类型、农产品受害水平和说明（包括仓库中采样点的位置）。抗性试验后，记录检测日期、剂量、实际剂量、在药剂中暴露的时间、检测的害虫数量和在鉴别剂量下存活的害虫数量。

第14步. 采集样本

用谷物筛收集昆虫。建议从每一个试验点收集至少100头活的昆虫。

限制使用信息素和取样器调查，因为用这两种方法采集的昆虫往往被送回实验室时就已经死了。

参考文献

Daglish, G.J. and Collins, P.J. 1999. Improving the relevance of assays for phosphine resistance. In: Jin, Z., Liang, Q., Liang, Y., Tan, X. and Guan, L., ed., Proceedings of the 7th International Working Conference on Stored-Product Protection, Beijing, 14–19 October 1998. Chengdu, China, Sichuan Publishing House of Science and Technology, 584–593.

Daglish, G.J., Collins, P.J., Pavic, H. and Kopittke. R.A. 2002. Effects of time and concentration on mortality of phosphine–resistant *Sitophilus oryzae* (L.) fumigated with phosphine. Pest Management Science, 58, 1015–1021.

FAO (Food and Agriculture Organization) 1975. Recommended methods for detection and measurement of resistance of agricultural pests to pesticides. Tentative method for adults of some major pests of stored cereals, with methyl bromide and phosphine. FAO Method No. 16. Rome, FAO Plant Protection Bulletin, 23, 12–26.

Reichmuth, C. 1991. A quick test to determine phosphine resistance in stored product pests. GASGA Newsletter, 15, 14 – 15.

Winks, R.G. and Hyne, E.A. 1997. The use of mixed–age cultures in the measurement of response to phosphine. In: Donahaye, E., Navarro, S. and Varnava, A., ed., International Conference on Controlled Atmospheres and Fumigation in Stored Products, Nicosia, Cyprus, 1996. Printco Limited, 3 – 16.

8.21. 案例T 定界调查：感染番木瓜环斑病毒（PRSV-P）的番木瓜

第1步. 调查目的

确定在拉罗汤加岛一棵单独的木瓜树上的番木瓜环斑病毒病是孤立发生的，还是表明更广泛的侵染。然后将确认是环斑病毒感染的叶片样品送往斐济和澳大利亚。

库克群岛的番木瓜种植者和农业部工作人员，正在对这种外来病害的症状进行戒备。它最近已证实在邻国法属波利尼西亚发生，并且南太平洋委员会已经分发了一份害虫预警（附着彩色图片的单页传单）。

第2步. 目标有害生物的名称和诊断特征

番木瓜环斑病毒的主要症状是：在病害晚期，从远处看时，在叶子上可见深黄、花叶和斑点。其他的叶部症状为水泡、畸形，有时有"鞋带"症状（叶片减少）。在果实上产生只有这种病害才有的特征：浅绿色上深绿色的射击靶状环斑、斑点和C状环斑，最后在果实成熟时变成深橙棕色。

在斐济用双抗体插入式酶联免疫吸附法（DAS–ELISA）诊断检测，在澳大利亚用RT – PCR技术对备份进行了确认。

第3步. 目标寄主

番木瓜（*Carica papaya*）。

第4步. 转主寄主

未调查。

第7步. 调查区域

拉罗汤加岛周长32km，崎岖的山区内陆（最高点为658m）覆盖原生灌木，周围是狭窄的带状农业用地。其中包括很多大大小小的番木瓜（品种Waimanalo）种植园，用于出口到新西兰和本地市场（2004年的年产值超过100万新元）。在整个耕作区内有许多番木瓜种植在家庭及旅游产业的房屋后花园内。

在冬天平均温度在18~28℃，夏天21~29℃。

第10~11步. 选择取样点和确定样本大小

地点的选择基于害虫在哪里发生及预期的扩散率。蚜虫传播病毒的移动将在两个方面受到限制，因为往一个方向飞行时会遇到森林内陆（当蚜虫取食非寄主时，将失去非持久性病毒），另一个方向是海洋。人类传播（通过受侵染的苗）可能将病毒传播到任何地方。

调查地点是：
1. 离单棵病树最近的55棵树
2. 在小区中余下的300棵树，包括原来的病树和4棵邻近的树
3. 在病树2km之内的所有商业的和家种的树
4. 每隔一块已知的商品生产地块。

超过5000株树被逐个调查，而且从不同距离观察了数千棵树。根据种植园大小，每从第二行步行到第五行得到一个观察值。

第12步. 选择调查时间

调查在发现病害暴发5~6周后进行。这是为了确保检查到所有从最初被侵染的树在其死亡之前传往其他树的自然传播。另外，蚜虫传毒后，田间症状通常要3~4周才显现。

第14步. 采集样本

实验室检测需要的时间限制了可以采集叶片样本的数量，除了子区域1以外，从其他区域采集了叶片标本，因为它们有各种各样的叶片异常症状，某些方面略类似于该病毒造成的病害。

总共收集了281个叶片标本，其中包括：
1. 不论其叶片的外观，最近的55棵树每树一张叶片
2. 从病树上采集了16个样本（树小区），4棵最近的树采集了15个样本
3. 第一棵检测到的病树2km半径内的种植园或家庭种植的树上的83个样本
4. 其他商品种植地块112个样本。

采集新鲜的叶片样本，记录症状，在Totokoitu研究站进行酶联免疫吸附检测前，储存在4℃冰箱（最多8天）。每个测试板内，使用的检测结果正负阈值是每个测试板上4个阴性对照平均值吸光率读数的3倍以上。

说明

铲除这种病害是成功的，因为政府和实验室在病害发生早期就作出了快速反应，最早发现病害的是一个种植者，由于南太平洋委员会的宣传，他注意到了要寻找什么。

8.22. 案例U 巴布亚新几内亚柑橘黄龙病及其传播媒介亚洲柑橘木虱的定界调查

第1步. 调查目的

调查的目的是在巴布亚新几内亚瓦尼莫发现黄龙病后执行定界调查。在最初的植株健康调查中，检测的20棵树中有1棵呈阳性。

第2步. 目标病害的名称和诊断特征

黄龙病（*Candidatus* Liberibacter asiaticus）是不可培养的、局限于韧皮部的细菌侵染，它是由亚洲柑橘木虱（*Diaphorina citri*）传播的。由黄龙病（HLB）引起的疾病也被称为柑橘青果病。

黄龙病的诊断是很困难的，因为症状和营养元素锌、锰缺乏的症状一样，而且和其他病害症状很相似。黄龙病的鉴定是通过对有可能是黄龙病的树叶组织进行DNA的PCR检测。树的一部分变黄是最明显的早期侵染迹象。叶片叶脉间褪绿，叶片变小，叶生长趋于竖直。褪绿斑和一个或多个其他叶片或枝条症状，特别是有明显肿起的叶脉，可能是被细菌侵染的征兆。被长期侵染的树叶片稀少、矮化，叶片几乎完全缺乏叶绿素。果实有倾向一方的形状，囊轴弯曲。

在缺乏自然控制的情况下，亚洲柑橘木虱繁殖力高，生活史短（约14天）。卵大约长0.3mm，杏仁状，基部较厚，产在新梢上。刚产下的卵是淡黄色，在成熟后变成有两个特征性红色眼斑的亮橙色。若虫共5龄，长度为0.25~1.7mm。若虫浅粉色，有一对红色的复眼。一些成熟的若虫，腹部由浅粉变成蓝绿色。木虱成虫可以活6个月，虫体黄褐色，长3~4mm，足灰褐色。翅透明，前翅远侧有明显的淡褐色斑纹。成虫经常停在树梢歇息，特别是在叶背面，将头向下成30°角指向叶表面。当受到惊扰时，它们也毫不困难地进行短距离飞行。

亚洲柑橘木虱矮化和扭曲柑橘幼枝，使生长点呈玫瑰花形，叶子非常卷曲，可能覆盖着蜜露和煤污，叶片可能在未成熟时脱落。

第3步. 目标寄主

黄龙病和木虱的靶标寄主是所有的柑橘类植物。柑橘种间有不同的感病性。黄龙病在橘子、甜橙以及它们的杂种上症状最严重，在葡萄柚、柠檬、苦橙上症状中等，在酸橙和柚子上症状较弱。

第4步. 转主寄主

未调查。

第7步. 调查区域

最初发现感染的树在巴布亚新几内亚桑道恩省的瓦尼莫，瓦尼莫镇是一个偏远的地区，大约有10 000人（新几内亚岛人口普查数据，2000年）。瓦尼莫所有具有通向第一个发现点的道路，或经常有渡船接触的村庄都被进行了调查。

调查1在沙比克省东的韦瓦克及附近和桑道恩省的瓦尼莫及附近，总共12个村庄并包括2个集镇。在调查2中，包括调查1的地点加上与瓦尼莫相连的沿海村庄（韦瓦克的东部和西部及远至艾塔普与附近村庄）。调查2也包括从瓦尼莫到伯瓦尼河地区的内陆村庄，总共23个村庄并包括3个集镇。

第10~11步. 选择取样点和确定样本大小

在调查1中，在瓦尼莫镇内，周围街道大约每3个私家后院检查1棵树。调查强度在韦瓦克周围则没有这么大。

在调查2中，以最初的侵染地点为靶标，对所有可接近的树均进行了调查。在剩下的村庄中，调查了看来最可疑的树。

第一次调查了72棵树，第二次调查了48棵树。

第12步. 选择调查时间

最初病害检测起因于对木虱的鉴定，并推动了广泛收集柑橘叶片用于检测。第一次跟踪调查在安排后立刻开始（在2002年11月检测到木虱的两个月后），以确定病害的侵染程度。第二次跟踪调查在12个月后的2003年11月进行。

随着降雨量和木虱在寄主柑橘上出现的时间不同，木虱的数量在全年范围内波动。这个调查在11月进行有两个原因，第一，相对来说，11月仍然相对干燥，这很重要，因为雨季（通常在12月至翌年4月）会降低木虱的种群数量，其次，新树叶的生长已经开始。

第13步. 收集数据

所有样本数据记录如下：样本识别编码、收集日期、国别、描述发现地点，如某人的房子、街道号码或最近的主要集镇、全球定位系统坐标、植物类型和名称、采集人姓名。

第14步. 采集样本

凡是症状像黄龙病的柑橘树都被抽样。每棵树上抽查10~20片叶子，根据下面概述的方法准备。

收集木虱样本，在寄主植物新梢生长期调查是否有木虱成虫或若虫存在。凡是观察到有木虱的树，用捕虫网在树上网捕，然后用吸虫器或吸虫管收集网上的木虱。用镊子、手术刀片或者漆刷收集若虫，然后把木虱保存在含70%乙醇的玻璃瓶中。

说明

收集和干燥用于鉴定黄龙病叶片的技术。

- 收集有症状的叶片10~20片（最终获得1~2g鲜重的叶柄和叶脉）。根据叶片的大小来确定收集叶片的数量。叶片较小的就需要收集较多数量的叶片。
- 如果可能，用70%乙醇或者1%优氯净（二氯异氰尿酸钠）给叶片表面消毒。
- 用一把锋利的刀切下叶脉和叶柄，然后把叶脉和叶柄切成2~3mm长的小段（图U1）。这些病原体限制在植物的叶脉和叶柄中。重要的是，只收集这种材料，因为任何的叶片材料都可能会降低检测的灵敏度。
- 用纸（面巾纸）或医用纱布包裹叶片，放在25mm装有氯化钙的塑料瓶里，用石蜡膜或绝缘胶带缠紧瓶盖，然后立刻将其放入冰柜。氯化钙将叶片干燥，以便送去检测。
- 第二天将纸或纱布换成新鲜、干燥的，重新密封瓶口。然后将其储存在冰柜里或是有冰的盒子里。如需长期储存，材料必须放在冰箱里。
- 如果要将材料送到没有黄龙病的国家进行检测，在送出样本以前必须要得到进口检疫许可证。样本瓶必须用牢固的旋盖容器装好。

图U1. 为以后的植物病原菌鉴定准备叶片

8.23. 案例V 定界调查昆士兰州北部的红带芒果毛虫

第1步. 调查目的

红带芒果毛虫（red-banded mango caterpillar，RBMC, *Deanolis sublimbalis*）的定界调查可以帮助昆士兰初级产业和渔业部制定风险管理措施，降低其对南方芒果产区的潜在影响。这项调查还包括一个公众意识和举报宣传的一般监控成分。

第2步. 目标病虫害的名称和诊断特征

红带芒果毛虫（red-banded mango caterpillar，RBMC, *Deanolis sublimbalis*）从巴布亚新几内亚慢慢扩散，穿过托雷斯海峡群岛，并在2001年在澳洲大陆第一次发现。虫害正受到积极的控制，禁止出运生长在约克角半岛北部的芒果或其植株。

毛虫钻入芒果造成严重破坏和落果。果实上具有泪状树液污渍的洞是害虫为害的明显标志。毛虫有特别的颜色，当切开果实和种子时，很容易识别。采样并与已有模式收藏进行比较，证实该害虫记录。可以在澳大利亚国家昆虫标本馆用DNA测序的方法来确认害虫。

第3步. 目标寄主

将红带芒果毛虫的寄主范围限制在芒果上（芒果属 *Mangifera* spp.和波漆属 *Bouea* spp.）。

第4步. 转主寄主

未调查。

第7步. 调查区域

调查地区包括昆士兰州北部的约克角半岛、阿瑟顿高原临近凯恩斯的地区，凯恩斯、汤斯维尔和麦凯的商业化生产区（图V1）。

目前被侵袭的野生芒果树在约克角半岛的最北部30km的热带雨林地区，被称作北半岛地区。分散在古老的人类活动区附近的芒果树，建立了通向北半岛地区土著社区的桥梁，那里生长着数百株芒果树。红带芒果毛虫目前被700km人烟稀少、不适于居住的生境隔离在的商业芒果生产区之外，所以主要威胁来自于携带毛虫的果实。

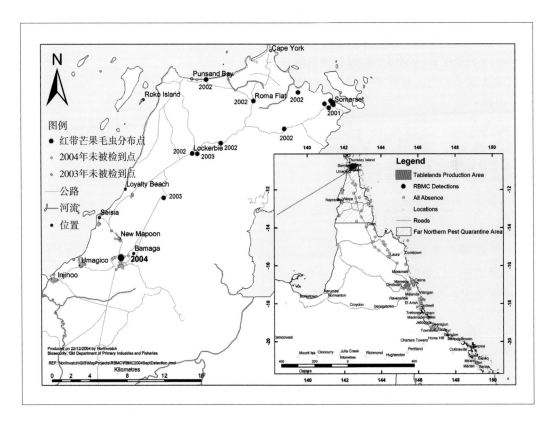

图V1. QDPI&F定界监控红带芒果毛虫

第10~11步. 选择取样点和确定样本大小

调查目标是害虫可能到达生产区的通路。早期定界监控是用来支撑铲除尝试，划定的铲除地区被突破后，控制方法集中在监管、限制果实的运输和公共宣传活动。

最直接的途径是通过自然传播到北半岛地区的社区，其次是通过水果运输到旅游景点、约克角半岛上的社区、主要的本地城市和生产地区的城镇。

通过检查每年受害地区周围所有树木，来界定自然传播的扩张范围。北半岛地区的社区遭受自然扩散和非法运输虫害水果的威胁。在这个社区中检了大约四分之一的树木，每棵树至少摘除了10个最可疑的果实。这种监控力度将在红带芒果毛虫种群大到足以对从土著社区到生产地区的运输形成显著的附加风险之前，检测到红带芒果毛虫。

为了提高检测入侵的机会，尽可能在每个社区调查同样的面积。随机抽样太费时而完不成，并可能使较大的地区检查不到，还有可能对有相似动物区系的邻近地区重复检查。

NAQS监控和管理活动主要集中在红带芒果毛虫在空中和海上的通道，从而减少了QDPI&F要求的界定监控活动。从虫害地区到生产地区只有一条公路。每年都检查这条道路上旅游点的所有芒果树和周围几个城镇的树。在检疫控制点实行水果监控，没收旅客手中所有的芒果。

检查生产区周围、路边、庭院的树木，因为它们没有被喷洒杀虫剂，并且更可能暴露于人们丢弃有害虫的水果的地区。给种植者分发公共宣传材料是监测农场害虫最有效的方式。对这些地区进行的年度调查给种植者很大的信心——附近的害虫不普遍，而且在生长季节不会影响他们的生产。

年份	地点	总树木	调查的树木	切割的果实
2001	240	1050	898	657
2002	98	999	746	770
2003	129	1128	647	293
2004	48	357	351	2701
总和	515	3534	2642	4421

在城市地区大范围的针对潜在的外来有害生物进行了监控（见案例 D）。由于大部分监控工作都要到达实际地点，有广泛的寄主范围的花园成为目标，因为它们可能供养重要的有害生物，红带芒果毛虫就是其中的一种。如果有果实的话，切开以收集该虫害未发生的数据。

公众关注宣传活动鼓励市民报告害虫，它增强了害虫未发生记录的把握。要求人们报告虫害的资料是专为土著社区、旅游者、种植者和城镇居民特别设计的。大规模的告诉人们害虫的监管限制的展示牌是沿着害虫可能迁移的路径而部署的。

第12步. 选择调查时间

调查受害区域附近的时间安排与果实发育期相一致，但要在公路能畅通通行时的季节初期。晚季调查在生产区周围进行，而对城市地区的调查依害虫的不同，全年交错进行。

第13步. 收集数据

数据记录包括每个点观察者的姓名、日期、地点描述、全球定位系统定位地点、树木总数、检查的树木数和切开的果实数。没有数据的样本在表格中清楚标记出来，弄不清楚的样本收集好放入乙醇保存。

说明

了解害虫分布在哪些地方有助于官方向正确的地点分发宣传材料，改进国内检疫检查，以便减小水果运输的风险，使生产者了解虫害威胁他们生产的程度。

8.24. 案例W 库克群岛拉罗汤加岛的昆士兰实蝇定界调查

第1步. 调查目的

2001年11月21日，在库克群岛拉罗汤加岛阿瓦鲁阿距码头500m的Punanga Nui市场发现了昆士兰实蝇［*Bactrocera tryoni* (Froggatt)］。这个调查是应急反应和铲除计划的一部分。

第2步. 目标害虫的名称和诊断特征

昆士兰实蝇是一种入侵到库克群岛的实蝇。大约长7mm，几乎与家蝇大小相同。胸部和腹部背面为鲜艳的红褐色，嫩黄色的盾片。这个特征区别于库克群岛的其他两个种（图W1）。它有一对透明的翅，翅端有一个大的黑点，在每个翅上有黑色的交叉条纹。

昆士兰实蝇是澳大利亚最具危害性的实蝇种，且在昆士兰州东半部、新南威尔士州东部、维多利亚极东端常见。在新喀里多尼亚、法属波利尼西亚群岛和皮特凯恩群岛普遍传播。它被引进珀斯（西澳大利亚州）和太平洋中部的复活岛，但随后就被铲除。

图W1. 昆士兰实蝇成虫的背部（左图）和侧部（右图）

第3~4步. 目标寄主和转主寄住

昆士兰实蝇是一个杂食性种，已记录了澳大利亚和太平洋113种以上的寄主植物种。太平洋地区的高风险寄主包括面包树（*Artocarpus altilis*）、番石榴（*Psidium guajava*）、芒果（*Mangifera indica*）、大溪地板栗（*Inocarpus fagifer*）、苹果蒲桃（*Syzygium* spp.）和热带杏仁（*Terminalia catappa*）。由于调查采用了网格诱捕，在网格交叉点上的是那些目标寄主。

第5步. 调查区域

拉罗汤加岛是一个周长32km的火山岛，有一个崎岖的内部山脉（最高点为658m），覆盖原生灌木，周围环绕着一条狭窄的农业种植带，农业用地又被主要种植芋头的湿地圈包围着。沿着海岸，小岛屿外围有椰子种植园、海滩、村庄和小旅馆。

冬天的平均气温18~28℃，夏季21~29℃。

第10~11步. 选择取样点和确定样本大小

库克群岛农业部在实蝇侵入之前制定了一个紧急应变计划，旨在快速、有条理地应对。

为了找到诱饵的设置地点，根据紧急应变计划中标出的诱捕轮廓位置，使用一个地理信息系统在地图上找到检疫隔离区，根据推荐的距离，依网格在图上设置诱捕点。然后根据放大的地图安放诱捕器位置。

诱饵放在所有可能的寄主树上（大部分时间），或者在非寄主树上。

侵入前

有15个诱捕点，每个点放一个改进的林菲尔德诱捕器（图W2），用诱蝇酮和甲乙基丁香酚做饵。所有的诱捕器放在害虫易发生的地点，如入境口岸、主要的旅游住宿点、外交使馆区和垃圾场。

图W2. 林菲尔德诱捕器

侵入后

诱蝇酮信息素诱饵

侵入后的24h，农业部增加了诱捕的力度，放置另外5个诱蝇酮信息素诱捕器。结果是在距第一头280m处检测到了第2头雄性昆士兰实蝇。

第二次检测促使诱捕点的半径增加到1km，整个区域标注为A区，在A区，在300m²的网格内放25个诱饵。

在A区检测到了第3头昆士兰实蝇，这促使在800km²的地区增加诱饵密度（称"密集区"）。在密集区，在150m²的网格内放置30个诱饵。农业部将检疫区进一步扩大2.5km半径（B区），在这一区域里，每500m²的网格放置了38个诱蝇酮诱饵。

适合鉴别与建立A区和B区相关的决定是在库克群岛实蝇应急响应计划服务概要条款的指导下建立的。不同的分区象征着不同的响应水平，响应水平是根据发现实蝇的环境而启动的，而整个反应体系由不同的、所有有助于抑制、防治和铲除发现的害虫的成分组成。

*Capi-lure*诱饵

在7个选择点放置了*Capi-lure*诱饵（图W3）。

图W3. 检疫监控实蝇诱捕地图

蛋白诱饵喷雾

使用了针对雌性实蝇的蛋白诱饵喷雾方法。对受侵袭地区大约2.6km²内每隔30m的树进行蛋白诱饵喷雾。

摧毁繁殖地

周围地区大约50 000kg落下的果实被收集起来并在检疫地深埋。

BactroMAT C-L诱饵的分布（灭雄诱杀技术）

在每平方千米分别放置800个BactroMAT C-L诱饵，覆盖了8km²的地区。这个过程包括每隔30m在树上捆绑信息素诱饵。

第12步. 选择调查时间

每两个星期检查一次诱饵和被诱捕的虫,然后由昆虫学家鉴定。每两个月加一次诱饵。

第13~14步. 收集数据和样品

诱捕

记录诱捕到的所有昆士兰实蝇。

果实

启动了一个果实收集项目,用来评估实蝇对果实的为害,收集数据用于定界调查。

收集可能已经受到昆士兰实蝇为害的A区和B区的落果和从树上摘下的果实。一般而言,收集的果实样本就是检查的和看来有实蝇为害症状的样本。平均每周收集25个样本,14个月一共940个样本。

记录果实的数量、重量和采集的地点,果实样本中有没有饲养昆士兰实蝇。

说明

农业部通过以下几种途径成功地铲除了拉罗汤加岛的昆士兰实蝇:
1. 有一个已建立的诱捕网络,并定期维护,当实蝇数量仍然很低时就能早期警告。
2. 农业部的工作人员训练有素,能很好识别本地实蝇种和来自太平洋的高风险外来种。
3. 由于库克群岛有一个合理的应急响应计划,工作人员能迅速作出反应,并有条理地处理入侵的实蝇。响应计划清楚地概括了检测到外来入侵实蝇种时必须采取的行动。

更多信息参考:

Kassim, A., Allwood, A.J., Wigmore, W., Leblanc, L. and Tora Vueti, E. 2001. Fruit flies in Cook Islands. Suva, Fiji Islands, Secretariat of the Pacific Community, Plant Protection Service, Pest Advisory Leaflet No. 35.

Maddison, P.A. 1983. Queensland fruit fly. Noumea Cedex, New Caledonia, Secretariat of the Pacific Community, Plant Protection Service, Pest Advisory Leaflet No. 18.

SPC (Secretariat of the Pacific Community) 2001. Queensland fruit fly (*Bactrocera tryoni*) found in Rarotonga, Cook Islands. Suva, Fiji Islands, SPC, Plant Protection Service, PestAlert No. 25.